精细化学品生产技术专业(群)重点建设教材
国家骨干高职院校项目建设成果
浙江省精细化学品生产技术优势专业项目建设成果

精细有机单元反应与工艺

俞铁铭　童国通　编著

ZHEJIANG UNIVERSITY PRESS
浙江大学出版社

图书在版编目(CIP)数据

精细有机单元反应与工艺 / 俞铁铭,童国通编著
. —杭州:浙江大学出版社,2015.1(2024.1重印)
 ISBN 978-7-308-14263-2

Ⅰ.①精… Ⅱ.①俞… ②童… Ⅲ.①精细化工—有
机合成 Ⅳ.①TQ2

中国版本图书馆 CIP 数据核字(2014)第 303638 号

精细有机单元反应与工艺

俞铁铭　童国通　编著

责任编辑	石国华
封面设计	刘依群
出版发行	浙江大学出版社
	(杭州市天目山路 148 号　邮政编码 310007)
	(网址:http://www.zjupress.com)
排　　版	杭州星云光电图文制作有限公司
印　　刷	广东虎彩云印刷有限公司绍兴分公司
开　　本	710mm×1000mm　1/16
印　　张	9
字　　数	180 千
版 印 次	2015 年 1 月第 1 版　2024 年 1 月第 3 次印刷
书　　号	ISBN 978-7-308-14263-2
定　　价	25.00 元

浙江大学出版社市场运营中心联系方式:(0571)88925591;http://zjdxcbs.tmall.com

内容提要

本书突出职业教育特点，从培养技术技能型人才的目的出发，贯彻"少而精"的原则，强调以内容"够用"为度，加强实践性。本书按项目化教学设计要求与思路，重新组织实践与理论知识的编排，选用 β-萘乙醚、柠檬酸三丁酯、正溴丁烷、对甲苯磺酸钠、对二氯硝基苯和苯甲酸的制备等六个真实项目分别对接烷基化、酰基化、卤化、磺化、硝化和氧化等重要单元反应与工艺，并选择了六个工业生产实例供学习参考。

本书可作为高职高专精细化工技术、应用化工技术等专业师生的教学用书，也可供从事化工生产等相关领域技术人员参考。

丛书编委会

总　序

　　2008 年，杭州职业技术学院提出了"重构课堂、联通岗位、双师共育、校企联动"的教改思路，拉开了教学改革的序幕。2010 年，学校成功申报为国家骨干高职院校建设单位，倡导课堂教学形态改革与创新，大力推行项目导向、任务驱动、教学做合一的教学模式改革与相应课程建设，与行业企业合作共同开发紧密结合生产实际的优质核心课程和校本教材、活页教材，取得了一定成效。精细化学品生产技术专业（群）是骨干校重点建设专业之一，也是浙江省优势专业建设项目之一。在近几年实施课程建设与教学改革的基础上，组织骨干教师和行业企业技术人员共同编写了与专业课程配套的校本教材，几经试用与修改，现正式编印出版，是学校国家骨干校建设项目和浙江省优势专业建设项目的教研成果之一。

　　教材是学生学习的主要工具，也是教师教学的主要载体。好的教材能够提纲挈领，举一反三，授人以渔。而工学结合的项目化教材则要求更高，不仅要有广深的理论，更要有鲜活的案例、科学的课题设计以及可行的教学方法与手段。编者们在编写的过程中以自身教学实践为基础，吸取了相关教材的经验并结合时代特征而有所创新，使教材内容与经济社会发展需求的动态一致。

　　本套教材在内容取舍上摒弃求全、求系统的传统，在结构序化上，首先明确学习目标，随之是任务描述、任务实施步骤，再是结合任务需要进行知识拓展，体现了知识、技能、素质有机融合的设计思路。

　　本套教材涉及精细化学品生产技术、生物制药技术、环境监测与治理技术 3 个专业共 9 门课程，由浙江大学出版社出版发行。在此，对参与本套教材的编审人员及提供帮助的企业表示衷心的感谢。

　　限于专业类型、课程性质、教学条件以及编者的经验与能力，难免存在不妥之处，敬请专家、同仁提出宝贵意见。

谢萍华

2014 年 12 月

前　言

　　精细化学品的生产可通过若干个有机合成的基本反应来完成,这些基本反应就是精细有机单元反应。精细有机化学品种类繁多,但合成这些化合物的常见单元反应不多。常见精细有机单元反应包括烷基化、酰化、卤化、磺化、硝化、氧化、还原等十几个反应类型。

　　本教材以精细化工技术专业相关工作任务和职业能力分析为依据来确定教学目标,设计与选择教材内容,所选内容与要求的确定充分考虑了精细化工工艺员和研发助理岗位对产品合成技术与工艺的职业技能相关要求。教材以典型精细有机化学品合成制备为项目进行设计,以工作任务为线索构建任务引领型理论与实践一体化项目,融入了单元反应基本理论。为了充分体现任务引领、实践导向的教学思想,每个教学项目设计都分解成若干个工作任务,包括资料检索、合成任务的解读、合成路线选择、反应装置确定、单元反应的控制和操作、产品检测和相关项目拓展训练等,以工作任务引出相关专业技能与知识的学习。教材以重要精细化学品的制备合成反应为载体,展开常见单元反应的学习,有利于熟悉重要单元反应的一般规律。教学活动设计由易而难,多采用讨论、实际操作、师生互动的课内外活动形式,使学生掌握常见重要单元反应的基本理论和方法、影响因素、工艺流程与设备及相关工业化生产方法,以及典型精细化学品的小试合成技术,并予师生以想象和创新的空间,提高学生的实践技能。

　　本教材以认识单元反应为入门,依次选用 β-萘乙醚、柠檬酸三丁酯、正溴丁烷、对甲苯磺酸钠、对二氯硝基苯和苯甲酸的制备等六个真实项目分别对接烷基化、酰基化、卤化、磺化、硝化和氧化等六个常见重要单元反应与工艺,并提供了相关拓展项目与习题思考,有利于学生的自主学习能力的提高。

　　本教材第一至三章由俞铁铭编写;第四章由吕路平编写;第五章由李晓敏编写;第六章由童国通编写;第七章由张永昭编写,并由俞铁铭、童国通负责统稿。在编写过程中受到浙江巨化集团技术中心胡群义高工、杭州恒升化工有限公司周增勇高工的指导与帮助,并提出了宝贵建议与意见,在此表示衷心的感谢。

　　由于编者水平有限,书中难免不妥和错误,恳请读者批评指正。

编　者

2014 年 9 月

目 录

1 入门——认识单元反应 …………………………………………（ 1 ）

1.1 单元反应 …………………………………………………（ 1 ）

1.1.1 精细化学品 …………………………………………（ 1 ）

1.1.2 单元反应 ……………………………………………（ 3 ）

1.2 单元反应器 ………………………………………………（ 4 ）

1.2.1 单元反应器的要求 …………………………………（ 4 ）

1.2.2 反应器的分类 ………………………………………（ 5 ）

1.2.3 反应器的操作方式 …………………………………（ 7 ）

1.3 单元反应的计算 …………………………………………（ 8 ）

1.3.1 反应物过量 …………………………………………（ 8 ）

1.3.2 转化率、选择性和收率 ……………………………（ 9 ）

1.3.3 原料消耗定额和原子利用率 ………………………（11）

1.4 单元反应影响因素 ………………………………………（12）

1.4.1 温度 …………………………………………………（12）

1.4.2 反应物浓度及配比 …………………………………（12）

1.4.3 压力 …………………………………………………（13）

1.4.4 原料纯度及杂质 ……………………………………（13）

1.4.5 加料方式与次序 ……………………………………（13）

2 烷基化反应及工艺 ……………………………………………（17）

2.1 教学项目设计——β-萘乙醚的制备 ……………………（17）

2.1.1 任务一：认识制备 β-萘乙醚的原理 ………………（18）

2.1.2 任务二：设计 β-萘乙醚制备过程 …………………（19）

2.1.3 任务三：制备 β-萘乙醚 ……………………………（20）

2.2 烷基化反应知识学习 ……………………………………（21）

2.2.1 芳环上的 C-烷基化 …………………………………（22）

2.2.2 N-烷基化 ……………………………………………（26）

2.2.3 O-烷基化 ……………………………………………（28）

2.2.4 相转移催化 …………………………………………（29）

　　2.3　相关项目拓展 …………………………………………………………（30）
　　　　2.3.1　双酚 A 的制备 ……………………………………………………（30）
　　　　2.3.2　N,N-二甲基十八胺生产实例 ………………………………………（32）

3　酰化反应及工艺 ………………………………………………………………（35）
　　3.1　教学项目设计——柠檬酸三丁酯的制备 ………………………………（35）
　　　　3.1.1　任务一:认识制备柠檬酸三丁酯的原理 …………………………（36）
　　　　3.1.2　任务二:设计柠檬酸三丁酯制备过程 ……………………………（37）
　　　　3.1.3　任务三:制备柠檬酸三丁酯 ………………………………………（40）
　　3.2　酰化反应知识学习 ………………………………………………………（40）
　　　　3.2.1　C-酰化 ………………………………………………………………（41）
　　　　3.2.2　N-酰化 ………………………………………………………………（45）
　　　　3.2.3　O-酰化(酯化) ………………………………………………………（47）
　　3.3　相关项目拓展 ……………………………………………………………（52）
　　　　3.3.1　邻苯二甲酸二丁酯制备 ……………………………………………（52）
　　　　3.3.2　邻苯二甲酸二辛酯生产实例 ………………………………………（55）

4　卤化反应及工艺 ………………………………………………………………（58）
　　4.1　教学项目设计——正溴丁烷的制备 ……………………………………（58）
　　　　4.1.1　任务一:认识制备正溴丁烷的原理 ………………………………（59）
　　　　4.1.2　任务二:设计正溴丁烷制备过程 …………………………………（60）
　　　　4.1.3　任务三:制备正溴丁烷 ……………………………………………（61）
　　4.2　卤化反应知识学习 ………………………………………………………（64）
　　　　4.2.1　取代卤化反应 ………………………………………………………（65）
　　　　4.2.2　加成卤化反应 ………………………………………………………（68）
　　　　4.2.3　置换卤化反应 ………………………………………………………（70）
　　4.3　相关项目拓展 ……………………………………………………………（71）
　　　　4.3.1　2,4-二氯苯氧乙酸的制备 …………………………………………（71）
　　　　4.3.2　四溴双酚 A 生产实例 ……………………………………………（73）

5　磺化反应与工艺 ………………………………………………………………（76）
　　5.1　教学项目设计——对甲苯磺酸钠的制备 ………………………………（76）
　　　　5.1.1　任务一:认识制备对甲苯磺酸钠的原理 …………………………（77）
　　　　5.1.2　任务二:设计对甲苯磺酸钠制备过程 ……………………………（78）
　　　　5.1.3　任务三:制备对甲苯磺酸钠 ………………………………………（79）
　　5.2　磺化反应知识学习 ………………………………………………………（80）

5.2.1　磺化剂 ………………………………………………（81）

5.2.2　磺化反应原理 ………………………………………（83）

5.2.3　磺化反应的影响因素 ………………………………（84）

5.2.4　磺化方法 ……………………………………………（86）

5.2.5　脂肪醇的硫酸化 ……………………………………（92）

5.3　相关项目拓展 ……………………………………………（93）

5.3.1　十二烷基苯磺酸钠的制备 …………………………（93）

5.3.2　2-萘磺酸的生产实例 ………………………………（94）

6　硝化反应及工艺 ……………………………………………（97）

6.1　教学项目设计——对二氯硝基苯的制备 ………………（97）

6.1.1　任务一：认识制备 2,5-二氯硝基苯的原理 ………（98）

6.1.2　任务二：设计 2,5-二氯硝基苯制备过程 …………（99）

6.1.3　任务三：制备 2,5-二氯硝基苯 ……………………（100）

6.2　硝化反应知识学习 ………………………………………（101）

6.2.1　硝化反应原理 ………………………………………（102）

6.2.2　硝化反应影响因素 …………………………………（105）

6.2.3　硝化方法 ……………………………………………（107）

6.3　相关项目拓展 ……………………………………………（111）

6.3.1　对硝基乙酰苯胺的制备 ……………………………（111）

6.3.2　硝基苯的生产实例 …………………………………（113）

7　氧化反应与工艺 ……………………………………………（116）

7.1　教学项目设计——苯甲酸的制备 ………………………（116）

7.1.1　任务一：认识制备苯甲酸的原理 …………………（117）

7.1.2　任务二：设计苯甲酸制备过程 ……………………（118）

7.1.3　任务三：制备苯甲酸 ………………………………（119）

7.2　氧化反应知识学习 ………………………………………（120）

7.2.1　化学氧化法 …………………………………………（120）

7.2.2　空气液相氧化法 ……………………………………（123）

7.2.3　空气的气-固相接触催化氧化法 …………………（125）

7.3　相关项目拓展 ……………………………………………（128）

7.3.1　对硝基苯甲醛的制备 ………………………………（128）

7.3.2　过氧化月桂酰的工业生产实例 ……………………（131）

参考文献 …………………………………………………………（134）

1 入门——认识单元反应

教学目标

通过本章入门知识的学习,认识单元反应的分类,了解单元反应的影响因素,学会反应过程的相关计算,知晓单元反应所配套应用的反应器,培养学生严谨的学习态度、敢于探索与实事求是的科学精神。

1.1 单元反应

诺贝尔化学奖获得者野依良治博士曾经指出有机合成的两大任务:一是实现有价值的已知化合物的高效生产,二是创造新的有价值的物质与材料。这里所说的有价值的化合物或物质多指精细有机化学品。精细有机化学品种类繁多,但合成这些化合物的常见单元反应不多,主要包括烷基化、酰化、卤化、磺化、硝化、氧化、氯化、还原等十几个单元反应类型。

1.1.1 精细化学品

精细化学品(Fine Chemicals),就是精细化工产品。生产精细化学品的化工企业通称精细化学工业,简称精细化工。国内外对于精细化学品的释义有以下三种说法。

第一种,传统的释义是指产量小、附加值高、有特定功能和专用性质的化工产品。

第二种,美国克林教授提出的先把化学品分为两类:具有固定熔点或沸点,能以分子式或结构式表示其结构的,称为无差别化学品;没有固定熔点或沸点,不能以分子式或结构式表示其结构的,称为差别化学品。克林据此将精细化学品分为以下四类。

(1)通用化学品:指大量生产的无差别化学品。如无机物中的酸、碱、盐,以及有机物中的甲醇、乙醇、乙醛、丙酮、乙酸、氯苯、硝基苯、苯胺、苯酚等。

(2)准通用化学品:指较大量生产的差别化学品。如三大合成材料(塑料、合成纤维、合成橡胶)等。

（3）精细化学品：指小量生产的无差别化学品。即小量生产的、有固定熔点或沸点、有明确的化学结构的化学品。如原料医药、原料农药、原料染料。

（4）专用化学品（Specialty Chemicals）：指小量生产的差别化学品。即小量生产的、无固定熔点或沸点、无明确的化学结构的化学品。如医药制剂、农药制剂、商品染料、催化剂、助剂、涂料和胶粘剂等。

上述分类方法为欧美采用。

第三种，以日本为代表，指具有高附加价值、技术密集型、设备投资少、多品种、小批量生产的化学品。即把克林教授释义的精细化学品和专用化学品统称为精细化学品。我国采用日本对精细化学品的释义，把专用化学品也归入精细化学品之列。

国内外对于精细化工产品的分类存在着不同的观点。按照应用性能分类较多，大体可归纳为：医药、农药、合成染料、有机颜料、涂料、香料与香精、化妆品与盥洗卫生品、肥皂与合成洗涤剂、表面活性剂、印刷油墨及其助剂、粘结剂、感光材料、磁性材料、催化剂、试剂、水处理剂与高分子絮凝剂、造纸助剂、皮革助剂、合成材料助剂、纺织印染剂及整理剂、食品添加剂、饲料添加剂等40多个行业和门类。

中国精细化工产品是1986年首先由化工部提出一种暂行分类方法，包括11个产品类别：农药、染料、涂料（包括油漆和油墨）、颜料、试剂和高纯物质、信息用化学品、食品和饲料添加剂、粘合剂、催化剂和各种助剂、（化工系统生产的）化学药品（原料药）和日用化学品、高分子聚合物中的功能高分子材料（包括功能膜、偏光材料等）。如图1-1所示。

图 1-1　部分精细化工产品

精细化学品特点总结为以下五方面：

（1）具有特定功能。对于任何一种化工产品来说，都有各自的性能。例如，化肥是作为植物的营养剂；塑料则具有一定的强度，耐酸、耐腐蚀。与这些大宗化工产品的性能不同，精细化学品则需要具有特定的功能，即应用的对象比较狭窄，专用性强而通用性弱。如塑料阻燃剂就是为了阻止塑料的燃烧；食品香料就是为了食品的调味；酸性染料只能用于丝绸、羊毛、尼龙及皮革的染色；表面活性剂根据结构而用于分散、乳化、固色等；医药更是如此，大众用的阿司匹林专门用于解热镇痛等等。

（2）技术密集程度高。精细化工产品具有研究开发投资高、更新换代快、市场寿命短、技术专利性强、市场竞争激烈等特点。

（3）小批量，多品种。相对于大宗化工产品而言，精细化学品批量小但品种多。批量小是由于应用的特定性能，往往需求量不大，如食品添加剂，用量是 10^{-6} g；医药原料药，患者服用的西药也是以毫克计；染料在纺织上染色时其质量不过是织物质量的 $3\%\sim5\%$。所以对于每一个具体品种来说，其产量就不可能很大。少则年产几百斤到几吨，如香精甚至可以在实验室生产；多则也有上千吨的，如洗衣粉中的主要成分直链烷基苯磺酸钠、医药阿司匹林等。多品种的特点与特定功能及批量小有关。如世界各国生产的不同结构的染料品种多达 5000 余种，年产量在 80 吨左右，其中已经公布化学结构的有 1000 多种。

（4）生产固定投资少，资金产出率高。例如，1 美元石油化工原料经一次加工可产出初级产品 2 美元，二次加工成有机中间体可增值到 4.8 美元，加工成塑料可增值到 5 美元，加工成合成纤维可增值到 10 美元，而加工成精细化学品则可增值到 106 美元。

（5）反应步骤多，生产规模小，常采用间歇式生产工艺。精细有机化工产品涉及的单元反应很多，任何一种合成原料药都要几步甚至几十步反应。虽然生产流程较长，但规模小，单元设备投资费用低。

1.1.2　单元反应

在精细化学品的分子中引入或形成各种取代基团以及形成杂环或新的碳环的化学反应称为单元反应。重要的单元反应如下：

（1）卤化反应：在有机物分子中引入卤素的反应。

（2）磺化反应：在有机物分子中引入 $-SO_3H$ 或 $-SO_2Cl$ 的反应。

（3）硝化反应：有机物分子中的氢原子或基团被 $-NO_2$ 取代的反应。

（4）还原反应：有机物分子中增加氢或减少氧，或两者兼而有之的反应。主要指硝基或其他含氮基的还原反应，用于形成 $-NH_2$、$-NHOH$、$-NH-NH-$、$-NHNH_2$ 等。

（5）氨解和胺化反应：用胺化剂将已有的取代基置换成氨基、烷胺基或芳胺基的反应。

（6）烷基化反应：在有机物分子中的碳、氮或氧原子上引入烃基的反应，包括引入烷基、烯基、炔基、芳基等。

（7）酰化反应：在有机物分子中的碳、氮、氧原子上引入脂肪族或芳香族酰基的反应。

（8）羟基化反应：在有机物分子中引入羟基的反应。

（9）氧化反应：主要是指在氧化剂存在时，有机物分子中增加氧或减少氢，或两者兼而有之的反应。

(10)缩合反应:两个或多个有机化合物分子放出水、氨、氯化氢等简单分子而生成一个较大分子的反应。

(11)重氮化及重氮基的转化:芳香族伯胺与亚硝酸作用生成重氮基的反应称为重氮化反应。重氮基可以进一步转化成—Cl、—Br、—I、—OH、—CN等。

上述单元反应可以归纳为三种类型。第一类是在有机物分子中,碳原子上的氢被不同取代基所取代的反应,例如卤化、磺化、硝化和亚硝化、C-酰化、C-烷化等。第二类是碳原子上的取代基转化为另一种取代基的反应,例如还原、胺化、O-烷化及 N-烷化、N-酰化、羟基化、氧化、重氮化及重氮基的转化等。第三类是在有机物分子中形成新的碳环或杂环的反应,即成环缩合。

精细化学品的品种成千上万,不可能也没必要逐个学习其合成过程。每一类单元反应具有许多共同的特点,在掌握了这些单元反应的一般原理、规律和方法后,合成不同的精细化学品时,可以根据原料的来源采用上述几个单元反应,同时配合相应的分离、蒸馏、干燥等化工过程,我们就可以设计出相应的合成路线,生产出需要的产品。例如,止血药对氨甲基苯甲酸(又称抗血纤溶芳酸)的合成,其结构为:

$$H_2NH_2C— \langle \bigcirc \rangle —COOH$$

用甲苯为基本原料,经硝化、氧化、还原、重氮化、氰化与催化加氢共六步反应合成。反应合成路线如下:

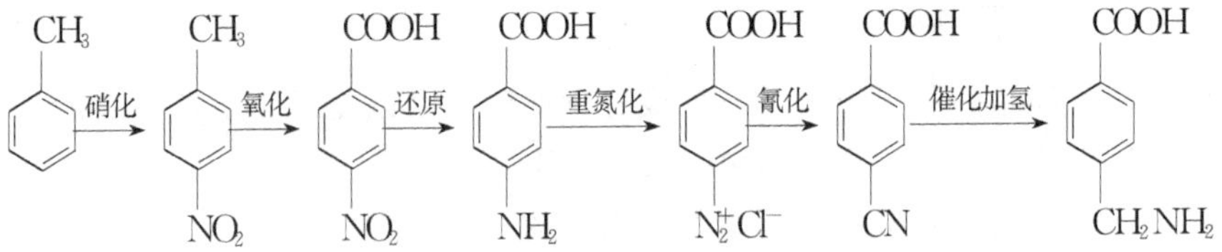

1.2 单元反应器

单元合成反应是在反应设备(即合成反应器或单元反应器)内进行的,反应器也就成为化工生产的关键设备。

1.2.1 单元反应器的要求

单元反应器在结构上和材料上必须满足以下基本要求:

(1)对反应物系,特别是对非均相的气-液两相、气-固两相、液-液两相、液-固两相、气-固-液三相反应物系,提供良好的传质条件,便于控制反应物系的浓度分布,以利于目的反应的顺利进行。

(2)对反应物系,特别是强烈放热或强烈吸热的反应物系,提供良好的传热条件,以利于反应热量移除和供给,便于反应物系的温度控制。

(3)在反应的温度、压力和介质的条件下,具有良好的机械强度和耐腐蚀性能等。

(4)能适应反应器的操作方式(间歇操作或连续操作)。

(5)安全性好,易操作控制,便于制造、安装与维修。

1.2.2　反应器的分类

由于化学反应的类型很多、反应物料聚集状态不同、反应条件差别很大,因此反应器是多种多样的。反应器的分类,可按物料的聚集状态、反应操作方式、反应器换热方式、反应温度控制方式和反应器结构等不同加以分类。这里仅介绍按反应器结构不同的分类方式。

按反应器结构外形可将其分为锅型反应器、管型反应器和塔型反应器。

1.锅型反应器

锅型反应器也称为釜式反应器、反应釜、反应锅或槽型反应器。其结构如图1-2所示。它是由筒体1、夹套2、盖3、搅拌器4、蛇管5等构成。搅拌器的作用是使反应物均匀混合,夹套和蛇管的作用是使反应能够保持在某一规定的温度下进行。釜式反应器应用范围广,主要用于液相均相反应,液-液、气-液、气-液-固等非均相反应;适应性强,可间歇操作,也可连续操作,且投资少,便于操作。

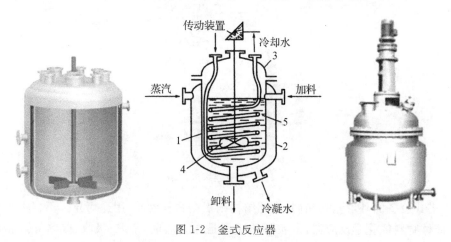

图 1-2　釜式反应器

2.管型反应器

管型反应器也称为管式反应器,管型反应器可以由一根或若干根管串联或并联构成(图1-3)。这类装置非常适用于气相反应系统或均相液-液反应系统,并适宜进行高温、高压反应;对于液-液非均相反应,一般采用单管式反应器;对于气-固相反应,可选用列管式反应器,主要用于连续操作。

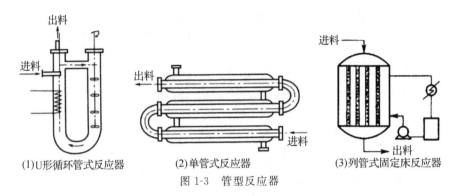

(1)U形循环管式反应器 (2)单管式反应器 (3)列管式固定床反应器

图 1-3 管型反应器

3.塔型反应器

鼓泡式反应器和流化床反应器都属于这类反应器。

如图 1-4 所示是气液连续鼓泡塔的示意图。这类反应器最简单的结构为一个空圆柱体,塔的底部有多孔板,使气体分散成为适宜尺寸的气泡,以便气体均匀通过床层。床内充满液体反应物。液态物料以连续方式从塔底加入而自塔顶引出,气体以气泡形式通过液相后自塔顶逸出。气体反应物溶解进入液相后,与液相中的反应物发生反应。鼓泡塔主要适用于气-液相反应,通常采用连续操作。

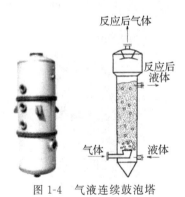

图 1-4 气液连续鼓泡塔

塔式设备的外形基本相同,内部结构则根据物料性质、用途而异。不仅可作气体、液体物料的化学反应器,最主要的应用是作为蒸馏、萃取、吸收、吸附等过程的设备,也可以作气体的净化、除尘和冷却。

流化床反应器的基本结构如图 1-5 所示。它的主要部件是壳体、气体分布板、热交换器和催化剂回收装置。有时为了减少反向混合并改善流态化质量,还在催化剂床层内附加挡板或挡网等内部构件。流化床反应器主要适用于气-固相催化反应,采用连续操作方式。

图 1-5　流化床反应器

1.加催化剂口；2.预分布器；3.分布板；4.卸催化剂口；5.内部构件；6.热交换器；

7.壳体；8.旋风分离器

1.2.3　反应器的操作方式

在反应器中实现化学反应可以有三种操作方式，即间歇操作、连续操作和半间歇操作。

1．间歇操作

间歇操作生产是分批进行的。以釜式反应器为例，将需要反应的原料一次加入釜中，使其在一定的条件下进行反应。当反应达到规定的转化率时，将全部生成物放出，清洗反应器。这种操作称为间歇操作。

在间歇操作中，每批次生产过程包括加料、反应、卸料和清洗等阶段。它的特点是在反应期间反应物的浓度随着反应的进行而发生变化，是不稳定的操作。由于有加料、卸料和清洗等阶段，所以设备利用率不高，工人劳动强度大，不易自动控制。

间歇操作通常用于小批量生产或需要很长反应时间的生产中，或用一个反应器生产几种不同产品的场合。因此，对于多品种和产量不大的精细化工产品的生产，间歇操作仍有着广泛应用。

2．连续操作

连续操作是将需要反应的各种原料按一定顺序和速率连续地从反应器的一侧加入，反应后的产物不断地从反应器的另一侧排出。当操作稳定后，反应器中各处的温度、压力、浓度和流量都不随时间而变化。

连续操作的优点是设备利用率高、节省劳力和易于实现节能、产品质量稳定、易于自动控制，适合于大规模生产。

3.半间歇操作

半间歇操作以甲醛和氨生产乌洛托品为例,先将甲醛水溶液加入反应器中,然后逐渐加入氨水溶液,反应进行很快,会有大量热量放出。为了使反应温度保持稳定,除了对反应器进行冷却外,还必须控制氨水的加料速度。因此,这个生产对甲醛来说是间歇的,对氨水是连续的,所以称为半间歇操作。

1.3　单元反应的计算

1.3.1　反应物过量

1.反应物摩尔比(反应配比或投料比)

反应物的摩尔比是指加入反应器中的几种反应物之间的摩尔比。这个摩尔比值可以和化学反应式的化学计量比相同也可以不同。通常对于大多数有机反应,投料的各种反应物的摩尔比并不等于化学计量比。

2.限制反应物和过量反应物

化学反应物不按化学计量比投料时,其中以最小化学计量数存在的反应物叫作"限制反应物"。而某种反应物的量超过"限制反应物"完全反应的理论量,则该反应物称为"过量反应物"。

3.过量百分数

过量反应物超过限制反应物所需理论量部分占所需理论量的百分数称作"过量百分数"。若以 n_e 表示过量反应物的物质的量, n_t 表示它与限制反应物完全反应所消耗的物质的量,则过量百分数为:

$$过量百分数 = \frac{n_e - n_t}{n_t} \times 100\%$$

例 1-1　氯苯硝化生产二硝基苯,化学计量比、投料量、投料摩尔比、硝酸过量百分比计算如下:

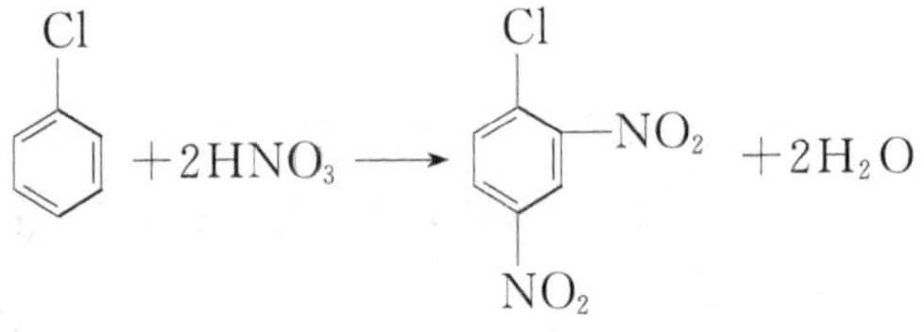

化学计量比(系数)	1	2
投料量(mol)	5.00	10.70
投料摩尔比	1	2.14

限制反应物:氯苯

过量反应物:硝酸

硝酸过量百分数 =(10.70-10.00)/10.00×100%=7%

1.3.2 转化率、选择性和收率

1. 转化率、单程转化率、总转化率

某一反应物 A 反应掉的量 $n_{A,r}$ 占向反应器中输入的反应物 $n_{A,in}$ 的百分数称作反应物 A 的转化率 X_A。

$$X_A = \frac{n_{A,r}}{n_{A,in}} = \frac{n_{A,in} - n_{A,out}}{n_{A,in}} \times 100\%$$

式中，$n_{A,out}$ 表示 A 从反应器中输出的量，均以物质的量表示。

一个化学反应，以不同的反应物为基准进行计算时，可得出不同的转化率。在计算时应标明是某反应物的转化率。如没有指明，通常指的是主要反应物或限制反应物的转化率。

在有些生产过程中，主要反应物每次通过反应器后的转化率并不太高，有时甚至很低，但是未反应的主要反应物大部分可以通过分离回收循环使用。这时要将转化率分为单程转化率 $X_单$ 和总转化率 $X_总$ 两项。

设 $n_{A,in}^R$ 和 $n_{A,out}^R$ 表示反应物 A 输入和输出反应器的物质的量，$n_{A,in}^S$ 和 $n_{A,out}^S$ 表示反应物 A 输入和输出全系统的物质的量，则

$$单程转化率 \quad X_单 = \frac{n_{A,in}^R - n_{A,out}^R}{n_{A,in}^R} \times 100\%$$

$$总转化率 \quad X_总 = \frac{n_{A,in}^S - n_{A,out}^S}{n_{A,in}^S} \times 100\%$$

例 1-2 在苯的一氯化制氯苯时，为了减少二氯苯的生成量，每 100mol 苯用 40mol 氯气，反应产物中含 38mol 氯苯、1mol 二氯苯，还有 61mol 未反应的苯，经分离后可回收 60mol 苯，损失 1mol 苯，如图 1-6 所示。

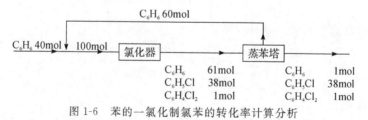

图 1-6 苯的一氯化制氯苯的转化率计算分析

计算得苯的单程转化率和总转化率：

$$苯的单程转化率 \quad X_单 = \frac{100 - 61}{100} \times 100\% = 39.00\%$$

$$苯的总转化率 \quad X_总 = \frac{100 - 61}{100 - 60} \times 100\% = 97.50\%$$

由例 1-2 可以看出，对于某些反应，其主反应物的单程转化率可能很低，但是总转化率却可以很高。

2. 选择性

某一反应物 A 转变为目的产物 P 时，A 和 P 的化学计量系数是 a 和 p，设 A 输入和输出反应器的物质的量为 $n_{A,in}$ 和 $n_{A,out}$，实际生成目的产物的物质的量为 n_P，理论上应消耗的 A 的物质的量为 $n_P a/p$。则由 A 生成 P 的选择性 S 为：

$$S = \frac{n_P \dfrac{a}{p}}{n_{A,in} - n_{A,out}} \times 100\%$$

3. 理论收率

当输入反应物 A 的物质的量为 $n_{A,in}$ 时，实际上得到的目的产物 P 的物质的量 n_P 占理论应得的目的产物 P 的物质的量 $n_{A,in}p/a$ 的百分数称为理论收率 Y_p。

$$Y_p = \frac{n_P}{n_{A,in}\dfrac{p}{a}} \times 100\% = \frac{n_P\dfrac{a}{p}}{n_{A,in}} \times 100\%$$

转化率、选择性和理论收率三者之间的关系：

$$Y = SX$$

例 1-3 100mol 苯胺用浓硫酸进行磺化。反应后，混合物中含 89mol 对氨基苯磺酸、2mol 苯胺，另外还有一定数量的焦油物等副产物。则

苯胺的转化率：

$$X = \frac{100-2}{100} \times 100\% = 98.00\%$$

生成对氨基苯磺酸的选择性：

$$S = \frac{89 \times \dfrac{1}{1}}{100-2} \times 100\% = 90.82\%$$

生成对氨基苯磺酸的理论收率：

$$Y = \frac{89 \times \dfrac{1}{1}}{100} \times 100\% = 89.00\%$$

4. 总收率

理论收率一般用于计算某一步反应的收率。但是在工业生产中，还需要计算反应物经过预处理、化学反应和后处理之后，所得目的产物的总收率。

例 1-4 将上述生成对氨基苯磺酸的反应物通过分离精制后，得到 87mol 对氨基苯磺酸，则分离过程的收率 $Y_分$ 为：

$$Y_分 = \frac{87}{89} \times 100\% = 97.75\%$$

总收率

$$Y_总 = 89.00\% \times 97.75\% = 87.00\%$$

或

$$Y_总 = \frac{87}{100} \times 100\% = 87\%$$

5. 质量收率

在工业生产中,还常常采用质量收率 $Y_质$ 来衡量反应效果。它是目的产物的质量占某一输入的主反应物质量的分数。

$$Y_质 = \frac{所得目的产物的质量}{输入的主反应物的质量} \times 100\%$$

例 1-5　100kg 工业苯胺(纯度 99%,相对分子质量 93),经烘焙磺化和分离精制后得到 163.5kg 工业对氨基苯磺酸(纯度≥98%,相对分子质量 173),则按苯胺计算得:

$$Y_质 = \frac{163.5 \times 98\%}{100 \times 99\%} \times 100\% = 161.8\%$$

在这里,质量收率大于 100%,是因为目的产物的相对分子质量比反应物的相对分子质量大。

1.3.3　原料消耗定额和原子利用率

原料消耗定额指每生产 1t 产品需要消耗多少吨(或千克)各种原料。对于主要反应物来说,它实际上就是质量收率的倒数。

$$原料消耗定额 = \frac{1}{质量收率}$$

在上例中,每生产 1t 对氨基苯磺酸时,苯胺的消耗定额为:

$$苯胺的消耗定额 = \frac{100 \times 99\%}{163.5 \times 98\%} = 0.618(t) = 618(kg)$$

最大限度地利用资源,使原料分子的原子百分之百转变成产物,无废弃物排放,从源头阻止环境污染,这就要求实现"原子经济"反应。原子利用率是衡量"原子经济"反应的参数。

$$原子利用率 = \frac{预期产物的分子量}{反应物质的原子量之和} \times 100\%$$

例如,环氧乙烷生产,用氯乙醇法和直接氧化法的原子利用率差别较大。

氯乙醇法:

$$CH_2CH_2 + Cl_2 + Ca(OH)_2 \longrightarrow \underset{O}{CH_2—CH_2} + CaCl_2 + H_2O$$

直接氧化法:

$$CH_2CH_2 + \frac{1}{2}O_2 \xrightarrow{银催化剂} \underset{O}{CH_2—CH_2}$$

氯乙醇法的原子利用率 $= 44/(28 + 71 + 74) \times 100\% = 25.43\%$,有氯化钙等废弃物生成。

直接氧化法的原子利用率 $= 44/(28 + 16) \times 100\% = 100.00\%$,无废弃物产生。

1.4 单元反应影响因素

影响有机合成反应的因素主要有反应温度、反应物浓度、物料配比、压力、原料纯度、加料方式与次序、反应时间、溶剂、催化剂、反应设备及传热措施等。

1.4.1 温度

温度影响化学平衡和反应速率，是影响合成反应的重要因素。多数情况，温度越高，反应速率越快。一般，温度每升高 10℃，反应速率增加 2～4 倍，甚至更多。

不可逆反应速率随温度的升高而加快。可逆反应速率等于正、逆向反应速率之差，称反应净速率。可逆吸热反应，净反应速率随温度升高而加快；可逆放热反应，反应净速率随温度的变化有三种情况：温度较低时，反应净速率随温度升高而增加；当温度超过特定温度时，反应净速率随温度升高而降低；在这一特定温度下，反应净速率存在最大值，对反应净速率最大值的温度，即最佳反应温度或最适宜反应温度。

放热反应产生的热能若不能及时移出，会导致系统温度升高，进而加快反应速率，单位时间产生的热能增加，不仅副反应增多，甚至可能酿成事故。

对于复杂反应，反应间存在竞争。获得的不同产物间的比例与温度等条件有关，如萘磺化：

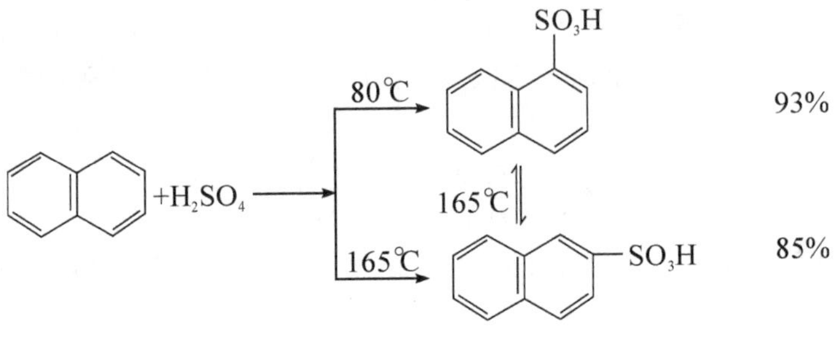

1.4.2 反应物浓度及配比

由质量作用定律可知，反应物浓度越高，反应速率越快。反应过程中，反应物逐渐转化消耗，反应物浓度、反应速率随之下降。反应初始时，反应物浓度较高，反应速率较快；反应接近终了时，反应物浓度较低，反应速率较慢。增加反应物浓度有助于加快反应速率，提高设备生产能力，减少溶剂用量。当然，增加反应物浓度，就必须考虑原料消耗与回收问题。

由化学平衡原理可知，反应物浓度高，有利于平衡向产物方移动，有利于提高平衡产率。提高反应物浓度的措施：对于气相反应，可适当为反应物增压、降低惰性组分含量;对于液相反应,可选用高溶解度的溶剂;对于可逆反应,可在反应过程中不断从反应区域分离取出生成的产物,使反应远离平衡。将反应与分离过程结合,如反应结合蒸馏、反应结合吸收、反应结合膜分离等技术,可实现从反应区域分离产物的目的。

对于有多种反应物的反应,可使其中之一过量,采取分批、分阶段加料。适宜的反应物配比可抑制副反应,提高产品收率。

原料配比必须考虑生产的安全,特别是连续化程度较高、生产危险性较大的反应。例如,丙烯氨氧化生产丙烯腈,其原料配比临近爆炸极限下限,反应温度临近或超过其燃点,配比一旦失调,将引起爆炸火灾事故,尤其是开停车过程。因此,严格控制物料配比十分重要。

1.4.3　压力

压力是影响化学平衡的重要因素。压力对液相均相、液-液两相和液-固两相反应平衡影响较小;压力对气相均相或气液非均相反应的影响不容忽视。

对于气相物质参与的反应,压力的影响为:若反应前后分子数不变,则压力对平衡收率无影响;若反应后分子数增多,则降低压力有利于平衡向产物方向移动,平衡收率增加;若反应前后分子数减少,则增加压力有利于平衡向产物方向移动,可提高平衡收率。

在一定压力范围内,原料中的惰性气体影响气相反应物分压(浓度)。气相中惰性气体分压降低,则反应物分压增加;惰性气体分压增加,反应物分压降低。

在一定压力范围内,压力增加,气相的体积减小,浓度增加,有利于加快反应速率;但增加压力,动力消耗随之增加,压力过大,不仅能量消耗增大,而且增加设备和运行的要求。

1.4.4　原料纯度及杂质

原料纯度指原料中有效反应成分的含量,杂质指有效成分之外的其他物质。原料纯度越高,杂质含量越少。原料中的杂质不仅降低原料纯度,还带来反应的复杂性,影响目的反应,降低目的反应的选择性,增加后续分离负荷或困难,影响产品质量,甚至导致事故。

例如以苯为原料氯化生产氯苯。原料中的噻吩与催化剂氯化铁易生成黑色沉淀物,不仅令催化剂失效,在产品精制中还产生氯化氢气体,腐蚀设备。

因此,生产中必须考虑原料的纯度,必要时净化除去杂质避免副反应及事故。

1.4.5　加料方式与次序

加料方式与次序关系反应体系各反应物浓度,影响反应速率和选择性。如重氮化反应,若亚硝酸钠加料速率过快,酸化产生亚硝酸的速率超过其重氮化的消耗速率,过量亚硝酸分解产生氧化氮气体,甚至导致火灾或爆炸事故。如烷基化过程,若烷基化物、烷化剂、催化剂的加料次序颠倒,或加料速度过快,将加剧反应,甚至引起喷冒跑料,导致火灾或爆炸事故。

以下列举几种釜式反应器的操作方式与加料方式:

(1)常见的釜式反应器间歇操作(见图1-7)。反应物 A、B 按一定配比一次性加入釜内,反应开始在 A、B 较高浓度下进行,随着时间推移 A、B 浓度逐渐下降。

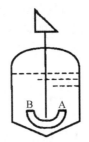

图 1-7　常见的釜式反应器间歇操作加料方式

(2)单台反应釜连续操作。反应物 A、B 按配比同时连续加入反应釜,反应产物连续采出(见图1-8),此方式适用于 A、B 在较低浓度下进行的反应。

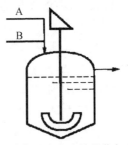

图 1-8　单台反应釜连续操作加料方式

(3)单台反应釜半连续操作。反应物 B 一次加入,反应物 A 分批或连续加入(见图1-9),控制 A 加料速率,可使反应始终在 B 浓度较高、A 浓度较低状况下进行。

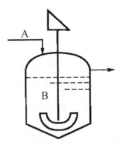

图 1-9　单台反应釜半连续操作加料方式

(4)反应釜结合分离器,可连续或半连续操作。反应后的物料经分离器分出产物后,未反应的大量 B(或 A)、少量 A(或 B)返回反应釜(见图 1-10)。

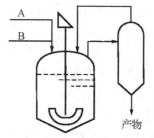

图 1-10　反应釜结合分离器加料方式

(5)多台反应釜串联的连续操作(见图 1-11)。反应物 B 由第 1 釜连续加入,反应物 A 连续、分别加入 1、2、3 釜;此方式可使反应物 B 浓度较高,反应物 A 浓度相对较低,调节 A、B 物料比例,可适应不同的反应要求。如要求反应物 A 浓度较高、反应物 B 浓度较低时,可改变 A、B 比例并调换进料路线。

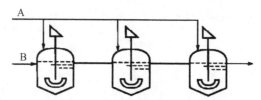

图 1-11　多台反应釜串联的连续操作加料方式

按工艺规定次序投料,也是安全生产的要求。例如用 2,4-二氯苯酚、对硝基氯苯以及碱反应生产除草醚,三种原料须同时加入反应釜。否则有分解爆炸危险。为防止加料顺序错误,一般将进料阀门连锁。

知识考核

1.精细化学品有哪些特点?

2.什么是单元反应? 常见单元反应有哪些?

3.什么是限制反应物?

4.解释下列名词术语的含义:转化率、单程转化率、总转化率、选择性、理论收率、总收率、原料消耗定额。

5.工业生产对合成反应器的基本要求有哪些?

6.按照外形结构,反应器分哪三类?

7.什么是原子经济反应,其意义如何?

8.反应釜主要由哪些部分构成?

9.反应器中实现化学反应,有哪几种操作方式?

10.反应釜间歇操作的基本过程包括哪些内容? 间歇操作有何特点?

11.单元反应的影响因素有哪些?

12.100mol 苯胺用浓硫酸进行磺化。反应后,混合物中含 85mol 对氨基苯磺酸、2mol 苯胺,另外还有一定数量的焦油物等副产物。通过分离精制后得 80mol 对氨基苯磺酸,试计算:

(1)苯胺的转化率;

(2)生成对氨基苯磺酸的选择性和理论收率;

(3)精制后对氨基苯磺酸的总收率;

(4)按苯胺计算,对氨基苯磺酸的质量收率;

(5)每生成 1 吨对氨基苯磺酸,苯胺的消耗定额。

2 烷基化反应及工艺

教学目标

以 β-萘乙醚制备为教学项目载体,了解一般烷基化反应的原理并掌握操作方法,能够处理制备过程中的异常情况并分析制备结果,从而认识烷基化单元反应的定义、分类和常见重要的烷基化剂,能够分析烷基化反应的主要影响因素,并能绘制和掌握常见重要烷基化合物工业生产基本流程。通过烷基化单元反应学习,培养学生绿色化工生产观念。

2.1 教学项目设计——β-萘乙醚的制备

项目背景

合成香料也称人工合成香料,是人类通过自己所掌握的科学技术,模仿天然香料,运用不同的原料,经过化学或生物合成的途径制备或创造出的某一"单一体"香料。目前世界上合成香料已达 5000 多种,属于常用的产品有 400 多种。合成香料工业已成为精细有机化工的重要组成部分。

β-萘乙醚是一种合成香料,在极淡时有甜橙花及葡萄气息,香气较为和善细致,留香很长。能和其他香料化合物调和,效果良好,因此,广泛用于肥皂和化妆品中作为香料;也可用作其他香料(如玫瑰香料、柠檬香料)的定香剂。由于这些香料的香气容易挥发,久置后产品的香气会逐渐消失,加入定香剂则能减慢香气消失的速度,从而使产品在较长时间内保持其香气。

β-萘乙醚也称为乙位萘乙醚、2-萘乙醚、橙花素等。

英文名称:2-Ethoxynaphthalene

分子式:$C_{12}H_{12}O$

分子量:172.22

熔点:37℃

沸点:282℃

相对密度:1.054～1.064(液态时)

折光率:1.5795

外观:白色结晶

溶解性:可溶于乙醇、乙醚、氯仿、二硫化碳、甲苯、石油醚及油质香料。

宿迁市永芳香料有限公司是专业生产香料及有机中间体的厂家,系列产品有:酮类、醚类、醛类、酯类,产品广泛应用于日用、食用、调配香精及医药中间体,畅销欧美、东南亚地区。目前 β-萘乙醚的生产能力为 200 吨/年,采用的是 β-萘酚的 O-烷基化技术,以乙醇和 β-萘酚为原料,在硫酸铝($Al_2(SO_4)_3 \cdot 18H_2O$)催化作用的生产 β-萘乙醚。

2.1.1 任务一:认识制备 β-萘乙醚的原理

活动一、检索交流

通过书籍或网络查找 β-萘乙醚的理化性质、用途和各种制备方法和原理及发展需求等(包括文字、图片和视频等,相互交流),填写相关记录在表 2-1 中。

表 2-1 β-萘乙醚的基本情况

项　目	内　容	信息来源
β-萘乙醚的理化性质		
β-萘乙醚的用途		
β-萘乙醚的制备方法、原理		
国内外 β-萘乙醚生产情况、市场价格		
国内外 β-萘乙醚工业发展		

β-萘乙醚制备方法:β-萘乙醚可由 β-萘酚钾盐或钠盐与溴乙烷或碘乙烷,通过乙基化反应制备;也可由 β-萘酚与乙醇脱水制备。本实验采用前一方法。

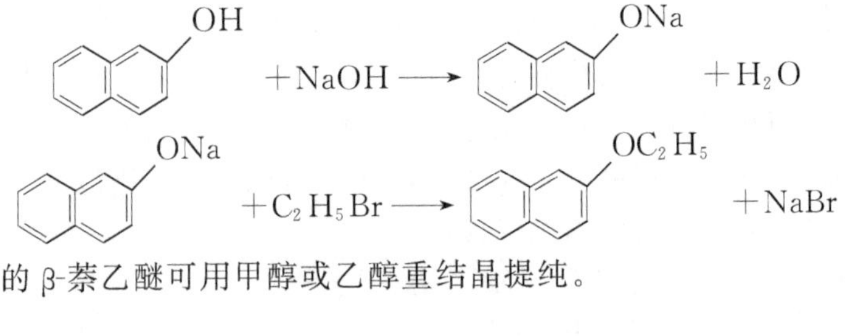

合成出的 β-萘乙醚可用甲醇或乙醇重结晶提纯。

活动二、收集数据

根据制备原理,确定主要原料。通过有关化学品安全技术说明书(MSDS)查找原料及产品的安全、健康和环境保护方面的各种信息,相互交流。查找相关原料化合物的分子量、熔点、沸点、密度、溶解性和毒性等物理性质,制成表 2-2 并相互交流。

表 2-2 主要原料及产品的物理常数

药品名称	分子量	熔点(℃)	沸点(℃)	密度	水溶解度 (g/100mL)	用量
β-萘酚						7.2g(0.05mol)
溴乙烷						4mL(0.054mol)
无水乙醇						40mL
NaOH						2.2g
其他药品			滤纸,活性炭,95%乙醇			

2.1.2 任务二:设计 β-萘乙醚制备过程

活动一、选择反应装置

参考图 2-1,设计画出仪器设备装置图,选择适宜的仪器设备并搭建装置。
仪器设备规格选择详见表 2-3。

表 2-3 仪器设备的规格与数量

仪器设备名称	规格型号	数量
三口圆底烧瓶		
温度计		
温度计套管		
真空塞		
搅拌器		
回流冷凝管		
电热套		
锥形瓶		
布氏漏斗		
表面皿		
烧杯		
量筒		
圆底烧瓶		

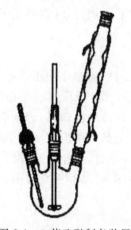

图 2-1 β-萘乙醚制备装置

活动二、列出操作步骤

阅读与仔细研究下列实验过程,在预习报告中详细列出操作步骤。

1. 加料反应

在 150mL 三口圆底烧瓶中加入 40mL 无水乙醇、7.2gβ-萘酚[1]、2.2g 研碎的固体 NaOH[2],搅拌 5min 使其溶解(NaOH 不会全部溶解),加入 4mL 溴乙烷,在电热套中加热搅拌回流反应 2h[3]。

2. 蒸出乙醇

回流反应完毕,将回流装置改为蒸馏装置,蒸出大部分过量乙醇约 25mL(回收)。

3. 结晶

反应物稍冷,拆除装置,将反应混合物倒入盛有 150mL 水的烧杯中,用玻璃棒迅速搅拌,并用冰水冷至室温。

4. 抽滤

冰水浴冷却后减压抽滤,用 20mL 冷水分两次洗涤滤饼。

5. 干燥

滤饼转移到表面皿上,在蒸气浴上烘干或自然晾干[4],干燥后称重,计算收率。

6. 重结晶

粗产物可用 95% 乙醇重结晶:将粗品 β-萘乙醚放入 100mL 圆底烧瓶中,装上回流冷凝管[5],逐渐加入 95% 乙醇,同时加热至回流时,恰好使 β-萘乙醚溶解完全(记下 95% 乙醇的用量 $V_{乙醇}$),再加入约 15% $V_{乙醇}$溶剂。停止加热,稍冷,将回流液倒入烧杯中,盖上表面皿,冷却至室温,再置烧杯于冷水浴中[6]。待结晶基本完成后,抽滤,干燥后称重、测定熔点并计算精制收率。

纯品 β-萘乙醚为白色片状结晶。

2.1.3 任务三:制备 β-萘乙醚

活动一、合成制备

根据实验步骤操作完成产品合成,同时观察记录产品生产过程中的现象,注意异常状况及时处理,记录有关数据。

操作要点与异常处理:

(1)溴乙烷和 β-萘酚都有毒性,应小心使用。

(2)也可用 KOH 制备 β-萘乙醚,但所得粗产物熔点常常很低,且后处理困难。

(3)电热套温度不宜过高,保持微沸即可,否则溴乙烷易逸出。

(4)如粗产品带灰黄色,重结晶时用少许活性炭脱色,可得白色片状结晶。

(5)重结晶时要安装回流冷凝管,防止乙醇挥发逸出。

(6)析出结晶时,要充分冷却,使结晶完全析出,减少产品损失。

活动二、分析测定

测定产物的熔点,参考 GB/T14457.3—2008。

活动三、展示产品

自行设计记录表。记录产品的外观、性状,设计制作产品标签,称出实际产量,计算收率,产品装瓶展示。

根据化学品安全标签 GB15258—1999,化学品安全标签的内容有:

(1)化学品和其主要有害组分标识,包括名称、分子式、化学成分及组成、编号、标志;

(2)警示词;

(3)危险性概述;

(4)安全措施;

(5)灭火;

(6)批号;

(7)提示向生产销售企业索取安全技术说明书;

(8)生产企业名称、地址、邮编、电话;

(9)应急咨询电话。

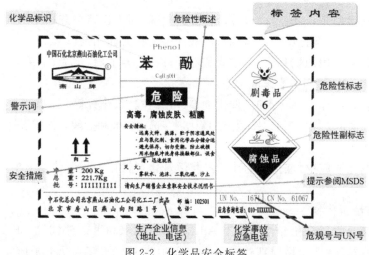

图 2-2　化学品安全标签

点评与思考

(1)制备 β-萘乙醚能否采用乙醇与 β-溴萘反应,为什么?

(2)本实验中 β-萘酚钠的生成是用氢氧化钠的乙醇溶液,为什么不用氢氧化钠的水溶液?

2.2　烷基化反应知识学习

烷基化反应是使用烷基化试剂向有机物分子的碳、氮、氧等原子上引入烷基的反应,包括 C-烷基化、N-烷基化和 O-烷基化等。引入的烷基包括甲基、乙基、异丙基、叔丁基、长碳链烷基等，也可引入氯甲基、羧甲基、羟乙基、氰乙基等烷基的衍生物，还可引入不饱和烃基、芳基等。

通过烷基化反应改变了被烷基化物的化学结构，改善或赋予了其新的性能，制造出许多具有特定用途的精细化学品，如合成医药、染料、农药、表面活性剂等。

2.2.1　芳环上的 C-烷基化

芳环上的 C-烷基化反应中，应用最多的是广义的 Friedel-Crafts C-烷基化反应。即以卤烷、烯烃等作烷基化剂在芳环上直接引入烷基或带取代基的烷基。

1. 烷基化剂

常用的烷基化剂主要有卤烷、烯烃、醇和醛酮类化合物等。

卤烷的结构对烷基化反应影响较大，当卤烷中的烷基相同而卤原子不同时，反应活性的顺序为：$RI > RBr > RCl$。

当卤烷中的卤原子相同而烷基不同时，则反应活性顺序为：

$$\langle\bigcirc\rangle-CH_2X > R_3CX > R_2CHX > RCH_2X > CH_3X$$

应该指出的是，不能用卤代芳烃作烷基化剂，因为连结在芳环上的卤基反应活性低，很难进行烷基化反应。卤烷常以酸性卤化物为催化剂。

烯烃是最常用的烷基化剂，主要是乙烯、丙烯、异丁烯、辛烯、壬烯和十二烯等。一般可用 $AlCl_3$ 和 BF_3 等作催化剂。

醇类化合物作烷基化剂时，催化剂多选用硫酸、氯化锌等。

醛和酮也是应用较多的烷基化剂，催化剂多选用硫酸和盐酸等强质子酸。

2. 催化剂

C-烷基化反应中，催化剂的作用是将烷基化剂转化为活泼的亲电质点，主要有以下几类：

（1）酸性卤化物

酸性卤化物的催化活性顺序为 $AlCl_3 > FeCl_3 > SbCl_3 > SnCl_4 > BF_3 > TiCl_4 > ZnCl_2$。这类酸性卤化物均具有一个缺电子的中心原子，能接受电子形成带负电荷的质点，同时使烷基化剂转变为活泼的亲电质点。酸性卤化物中最重要的是 $AlCl_3$、$ZnCl_2$ 和 BF_3。

（2）质子酸

强质子酸、阳离子交换树脂用于烷基化的催化剂，常催化醇和醛酮，能使烷基化剂通过质子化而转变为亲电质点。质子酸中最重要的是硫酸、氢氟酸和磷酸。其催化活性顺序为：

$$HF > H_2SO_4 > H_3PO_4$$

（3）酸性氧化物

硅铝催化剂是酸性氧化物，工业硅铝催化剂通常含 Al_2O_3 10%～15%、SiO_2 85%～90%。这类催化剂常用于气相催化烷基化反应。二氧化硅、氧化铝单独使用的催化活性均不高,而以适当比例组成的 SiO_2-Al_2O_3 具有良好的催化活性。硅铝催化剂可以是天然的,如沸石、硅藻土、膨润土、铝矾土等,也可以是合成的,近来研究开发较多的是分子筛催化剂,如结晶型的硅铝酸盐。如图 2-3 所示。

图 2-3　结晶型的硅铝酸盐

（4）酚基铝

酚基铝可用于烯烃作烷基化剂时的催化剂,其特点是能使烷基有选择性地进入芳环上氨基或羟基的邻位。例如,酚基铝 $Al(OC_6H_5)_3$ 是苯酚中羟基邻位烷基化的催化剂,它是由铝屑在苯酚中加热制得的。

3. 芳环上的 C-烷基化方法

（1）卤烷 C-烷基化法

卤烷 C-烷基化所用的催化剂主要是无水三氯化铝,其次是氯化锌。$AlCl_3$ 的催化作用是它先使卤烷生成亲电质点,如烷基正离子,再与芳环生成配合物,然后配合物脱质子而在芳环上引入烷基。

$$RCl + AlCl_3 \longrightarrow [RCl : AlCl_3] \longrightarrow R^+ \cdots AlCl_4^- \longrightarrow R^{\oplus} + AlCl_4^{\ominus}$$

（反应式图）

$$AlCl_4^{\ominus} + H^{\oplus} \longrightarrow AlCl_3 + HCl$$

在上述反应历程中理论上并不消耗 $AlCl_3$。实际上,1mol 卤烷只要用 0.1mol $AlCl_3$ 就足以使反应顺利进行。

卤烷是活泼的 C-烷基化剂。工业上通常使用的是氯烷,如高级氯烷在三氯化铝催化下,能与苯反应制备高级烷基苯。工业上可用铝锭或铝球放入反应塔内,而不直接使用无水氯化铝。含有少量氯化氢的氯烷和苯按物质的量比为 1:5 进入 2～3 只串联的反应塔,在 55～70℃ 完成反应。由于水会分解破坏三氯化铝,不仅多消耗铝锭,还容易造成管道堵塞,因此反应物氯烷和苯都要经过干燥处理。用氯烷烷基化时有大量氯化氢生成,反应塔顶部的尾气要经石墨冷凝器冷凝回收苯,并把氯化氢吸收制成盐酸。烷基化产物由塔的上部流出,经冷却和静置分层,夹带有少量催化剂的烷基化产物要通过洗涤、脱苯和精馏,才能分离得到精烷基苯。由于反应系统中有氯化氢和微量水存在,所以酸性反应物流过的反应塔、静置器等设备以及管道都要有防腐蚀措施,一般是采用搪瓷或搪玻璃或其他耐腐蚀材料衬里。为了防止氯化氢气体的外逸,有关设备可以在轻微负压下进行操作。

（2）烯烃 C-烷基化法

在能提供质子的催化剂的催化下，烯烃可生成烷基正离子，然后，烷基正离子与芳环发生亲电取代反应从而引入烷基。

$$R-CH=CH_2+H^+ \rightleftharpoons R-\overset{+}{C}H-CH_3$$

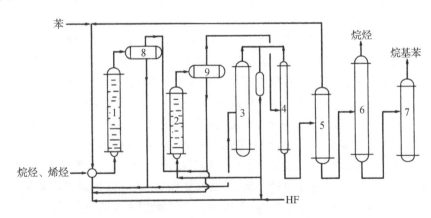

在上述 C-烷基化过程中，质子参与了反应，但质子并不消耗，因此只要催化剂能提供少量质子即可使反应顺利进行。

对于多碳烯烃，质子是加到双键中含氢较多的碳原子上，即正电荷是在双键中含氢较少的碳原子上（Markovnikov 规则）。因此烯烃作 C-烷基化剂时，总是引入带支链的烷基。

在 C-烷基化反应中，烯烃是最便宜和活泼的烷基化剂，芳环上的 C-烷基化时应用较多。由于烯烃反应活性较高，在发生 C-烷基化反应同时，还可发生聚合、异构化和生成酯等副反应，因此，在烷基化时应控制好反应条件，以减少副反应的发生。工业上广泛使用的 C-烷基化方法有液相法和气相法两类。

液相法是液态芳烃、气态（或液态）烯烃通过液相催化剂进行的 C-烷基化，常用反应器为鼓泡塔、多级串联反应釜或釜式反应器。

气相法是气相芳烃和烯烃在一定温度和压力下，采用固定床反应器催化 C-烷基化反应，催化剂为固体酸，如磷酸-硅藻土、$BF_3-Al_2O_3$ 等。

下面列举液相法生产长链烷基苯，以氟化氢为催化剂，生产工艺流程如图 2-4 所示。

图 2-4　氟化氢催化生产长链烷基苯工艺流程

1、2.反应器；3.氟化氢蒸馏塔；4.脱氟化氢塔；5.脱苯塔；6.脱烷烃塔；7.成品塔；8、9.静置分离器

图 2-4 中的反应器 1、2 是筛板塔。将含烯烃 9%～10% 的烷烃、烯烃混合物及 10 倍于烯烃的物质的量的苯以及有机物两倍体积的氟化氢在混合冷却器中混合，保持 30～40℃，这时大部分烯烃已经反应。将混合物从塔底送入反应器 1。为保持氟化氢（沸点 19.6℃）为液态，反应在 0.5～1MPa 下进行。物料由顶部排出至静置分离器 8，上层的有机物和静置分离器 9 下部排出的循环氟化氢及蒸馏提纯的新鲜氟化氢进入反应器 2，使烯烃反应完全。反应产物进入静置分离器 9，上层的物料经脱氟化氢塔 4 及脱苯塔 5，蒸出氟化氢和苯；然后至脱烷烃塔 6 进行减压蒸馏，蒸出烷烃；最后至成品塔 7，在 96～99kPa 真空度、170～200℃ 蒸出烷基苯成品。静置分离器 8 下部排出的氟化氢溶解了一些重要的芳烃，这种氟化氢一部分去反应器 1 循环使用，另一部分在蒸馏塔 3 中进行蒸馏提纯，然后送至反应器 2 循环使用。

（3）醇 C-烷基化法

醇类属弱烷化剂，适用于芳胺、酚、萘等活泼芳烃的 C-烷基化，烷基化过程中有烷基化芳烃和水生成。

例如，苯胺用正丁醇烷基化合成染料中间体正丁基苯胺，催化剂为氯化锌。温度不太高时（210℃），烷基取代氨基上的氢发生 N-烷基化反应：

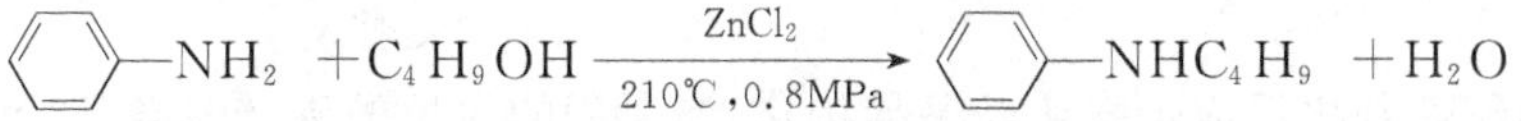

$$\text{\char"3008}\!\!\bigcirc\!\!\text{\char"3009}\!-NH_2 + C_4H_9OH \xrightarrow[210℃,0.8MPa]{ZnCl_2} \text{\char"3008}\!\!\bigcirc\!\!\text{\char"3009}\!-NHC_4H_9 + H_2O$$

温度为 240℃ 时，烷基从氨基转移至芳环碳原子上，主要生成对烷基苯胺：

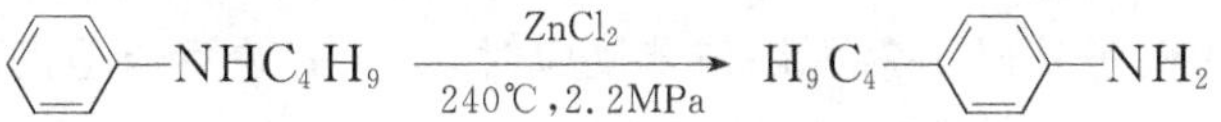

$$\text{\char"3008}\!\!\bigcirc\!\!\text{\char"3009}\!-NHC_4H_9 \xrightarrow[240℃,2.2MPa]{ZnCl_2} H_9C_4-\text{\char"3008}\!\!\bigcirc\!\!\text{\char"3009}\!-NH_2$$

萘与正丁醇和发烟硫酸可以同时发生 C-烷基化和磺化反应，生成 4,8-二丁基萘磺酸，即渗透剂 BX，俗称拉开粉。该产品在合成橡胶生产中用作乳化剂，在纺织印染工业中大量用作渗透剂。

（4）醛酮 C-烷基化法

醛或酮和醇一样也是反应能力较弱的烷基化剂，它们只适用于活泼芳族衍生物的烷基化，如萘、酚和芳胺类化合物。醛或酮与催化剂所提供的质子结合成质子化醛或酮，醛基碳原子可与两个芳环发生 C-烷基化反应。常用的烷基化催化剂有硫酸、磷酸、盐酸等质子酸。用脂肪醛和芳烃衍生物进行的 C-烷基化反应可制得对称的二芳基甲烷衍生物。例如：

过量苯胺与甲醛在浓盐酸中反应，可制得 4,4'-二氨基二苯甲烷，后者可用作为偶氮染料的重氮组分、制造压敏染料的中间体和聚氨酯树脂的单体。

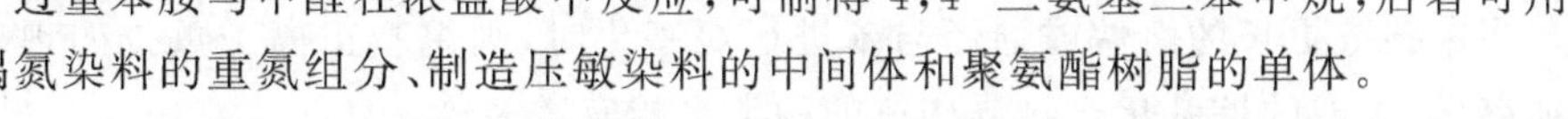

$$2H_2N-\text{\char"3008}\!\!\bigcirc\!\!\text{\char"3009} + HCHO \xrightarrow[100℃]{浓 HCl} H_2N-\text{\char"3008}\!\!\bigcirc\!\!\text{\char"3009}-CH_2-\text{\char"3008}\!\!\bigcirc\!\!\text{\char"3009}-NH_2 + H_2O$$

苯酚与丙酮在酸催化下，得到 2,2-双（对羟基苯基）丙烷，俗称双酚 A，是制备高分子材料环氧树脂、聚碳酸酯和聚砜等的主要原料，也可用于制备涂料、抗氧剂和阻燃剂等。

$$2HO- \bigcirc + CH_3-\overset{O}{\underset{}{C}}-CH_3 \xrightarrow{H^+} HO-\bigcirc-\overset{CH_3}{\underset{CH_3}{C}}-\bigcirc-OH + H_2O$$

4.芳环上的 C-烷基化特点

(1)C-烷基化是连串反应,当芳环上引入烷基后,芳环的电子云密度增高,芳环活化,进行二烷基化的速度比一烷基化速度更快。因此,为了控制二烷基苯和多烷基苯的生成量,必须选择适宜的催化剂,并且使原料苯过量,反应后再回收利用。

(2)C-烷基化反应是可逆反应,烷基苯在强酸催化剂存在下,能发生烷基的转移和歧化,所以在制备单烷基苯时,可以将副产物多烷基苯送回烷基化反应器,使之转化为单烷基苯。

$$\bigcirc + \bigcirc\!\!\!\!\begin{smallmatrix}R\\\\R\end{smallmatrix} \rightleftharpoons 2\bigcirc\!\!\!\!\begin{smallmatrix}R\end{smallmatrix}$$

$$\bigcirc\!\!\!\!\begin{smallmatrix}R\end{smallmatrix}+R+H^+ \rightleftharpoons \overset{+}{\bigcirc}\!\!\!\!\begin{smallmatrix}H\ R\end{smallmatrix} \rightleftharpoons \bigcirc\!\!\!\!\begin{smallmatrix}R\end{smallmatrix} +R^+$$

(3)C-烷基化反应会发生烷基异构化,当所用的卤烷的碳链是含三个或三个以上碳的伯卤烷时,C-烷基化反应中烷基正离子可能重排成较为稳定形式的烷基正离子。最简单的例子是以 1-氯丙烷与苯反应时,得到的并不全是正丙苯,而是正丙苯和异丙苯的混合物,而且后者生成更多。

$$CH_3CH_2CH_2Cl+ \bigcirc \xrightarrow{AlCl_3} \bigcirc-CH_2CH_2CH_3 + \bigcirc-\overset{CH_3}{\underset{CH_3}{CH}}$$

$$30\% \qquad\qquad\qquad 70\%$$

烷基正离子通过重排总是变成更加稳定的烷基正离子,其一般规律是:伯到仲、伯到叔,或者仲到叔。

$$CH_3-CH_2-\overset{+}{CH_2} \longrightarrow CH_3-\overset{+}{CH}-CH_3$$
$$伯 \qquad\qquad\qquad 仲$$

当用碳链更长的卤烷或烯烃与苯进行烷基化时,则烷基正离子重排的现象就更加突出,生成的烷基化产物异构体的种类也相应增多。

2.2.2　N-烷基化

N-烷基化是在胺类化合物的氨基上引入烷基的化学反应,胺类指氨、脂肪胺或芳香胺及其衍生物,N-烷基化反应:

$$NH_3 + R-Z \longrightarrow RNH_2 + HZ$$
$$R'NH_2 + R-Z \longrightarrow R'NHR + HZ$$

式中,R—Z 表示烷基化剂,R 代表烷基,Z 代表卤原子和羟基等离去基团。烷基化剂可以是卤烷、醇、烯烃、环氧化合物、醛和酮类。R'NH$_2$ 可以是胺或胺的衍生物,R' 可以是脂肪烃基或芳香烃基。

烷基化可导入甲基、乙基、羟乙基、氯乙基、氰乙基、苄基、长链烷基等。N-烷基化产物包括伯胺、仲胺、叔胺和季铵盐等,这些化合物在染料、医药、表面活性剂方面有着重要用途,如季铵盐是抗静电表面活性剂和相转移催化剂。

在胺的衍生物中,给电子基增强氨基的活性,吸电子基削弱氨基的活性;烷基是氨基的致活基团,当引入一个烷基后,还可引入第二个、第三个,所以 N-烷基化也是连串反应。

根据烷基化试剂的反应方式,N-烷基化可分为下列三种类型:

1. 取代型

烷基化剂与胺类反应,烷基取代氨基上的氢原子:

$$RNH_2 \xrightarrow{R'Z} R'NHR \xrightarrow{R''Z} RNR'R'' \xrightarrow{R'''Z} RR'R''R'''N^+ Z^-$$

如,制备二甲基十八烷基苄基盐酸盐:在 80～85℃,将 N,N-二甲基十八胺加至接近等物质的量的氯化苄中,于 100～105℃反应至 pH=6.5 左右。

$$C_{18}H_{37}N(CH_3)_2 + C_6H_5CH_2Cl \longrightarrow C_{18}H_{37}-\overset{\overset{\displaystyle CH_3}{|}}{\underset{\underset{\displaystyle CH_3}{|}}{N^+}}-CH_2C_6H_5Cl^-$$

取代型烷化剂有醇、醚、卤烷、酯等,烷化剂的烷基化活性取决于与烷基相连的离去基团离去的快慢,易离去,则烷基化剂活性越大。反应活性最强的是硫酸中性酯,如硫酸二甲酯;其次是各种卤烷;醇类烷基化剂的活性较弱,必须用强酸催化或在高温下进行反应。

2. 加成型

烷基化剂直接加成在氨基上,生成 N-烷基化衍生物。烯烃衍生物和环氧化合物是加成型烷基化剂,常见的有丙烯腈和环氧乙烷。

$$RNH_2 \xrightarrow{CH_2=CHCN} RNHC_2H_4CN \xrightarrow{CH_2=CHCN} RN\overset{\displaystyle \diagup C_2H_4CN}{\diagdown C_2H_4CN}$$

$$RNH_2 \xrightarrow{\overset{\displaystyle CH_2-CH_2}{\underset{\displaystyle O}{\diagup\!\!\diagdown}}} RNHCH_2CH_2OH \xrightarrow{\overset{\displaystyle CH_2-CH_2}{\underset{\displaystyle O}{\diagup\!\!\diagdown}}} RN\overset{\displaystyle \diagup CH_2CH_2OH}{\diagdown CH_2CH_2OH}$$

3. 缩合-还原型

烷基化剂为醛或酮类,可看作是醛或酮先与氨基发生脱水缩合,生成缩醛胺,需再经还原转变为胺或胺的衍生物。

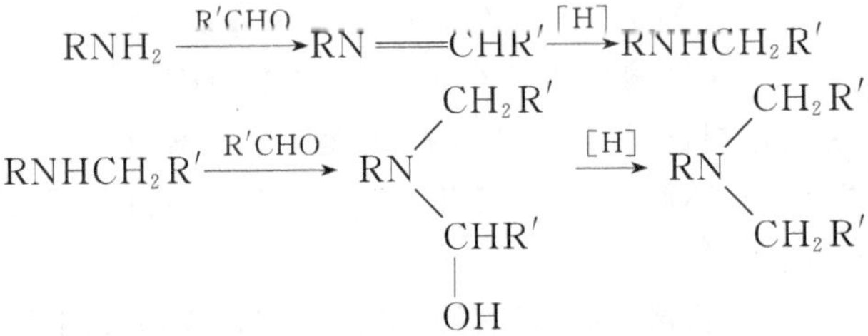

$$RNH_2 \xrightarrow{R'CHO} RN=\!\!=CHR' \xrightarrow{[H]} RNHCH_2R'$$

$$RNHCH_2R' \xrightarrow{R'CHO} RN\!\!\begin{array}{c} CH_2R' \\ \diagup \\ \diagdown \\ CHR' \\ | \\ OH \end{array} \xrightarrow{[H]} RN\!\!\begin{array}{c} CH_2R' \\ \diagup \\ \diagdown \\ CH_2R' \end{array}$$

如,N,N-二甲基十八胺是表面活性剂及纺织助剂的重要品种,其合成是十八胺与甲醛水溶液及甲酸共热制备得到:

$$CH_3(CH_2)_{17}NH_2 + 2HCHO + 2HCOOH \longrightarrow CH_3(CH_2)_{17}N(CH_3)_2 + 2CO_2 + 2H_2O$$

橡胶防老剂 4010NA 的合成:

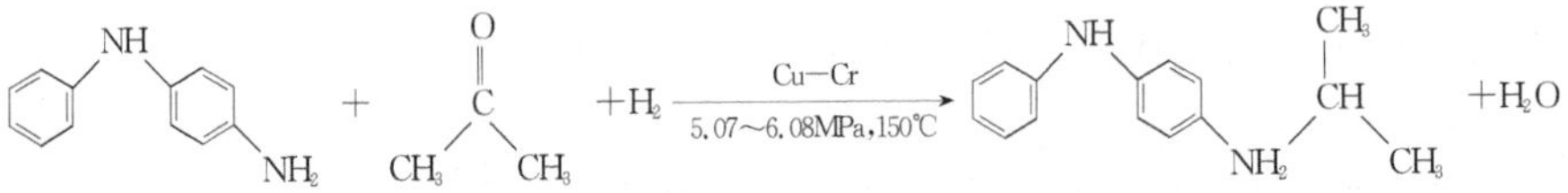

2.2.3 O-烷基化

醇羟基或酚羟基中的氢被烷基取代生成醚类化合物的反应称为 O-烷基化。

1. O-烷基化剂

O-烷基化试剂有卤烷、酯、环氧乙烷和醇等,其中卤烷、酯、环氧乙烷反应活性较高,醇活性较低。O-烷基化是亲核取代反应,能使羟基氧原子上电子云密度升高的结构,其反应活性也高;相反,使羟基氧原子上电子云密度降低的结构,其反应活性就低。可见,醇羟基的反应活性通常较酚羟基的高。因酚羟基不够活泼,所以需要使用活泼烷基化剂,只有很少情况会使用醇为烷基化剂。

2. O-烷基化方法

(1)卤烷 O-烷基化法

当醇和卤烷都不活泼时,要将醇先制成无水醇钠,然后与卤烷作用,以避免水解副反应。若醇和卤烷都比较活泼时,也可在氢氧化钠水溶液中进行。

酚一般先溶解于稍过量的氢氧化钠水溶液中,使它形成酚钠盐,然后在适宜的温度下加入适量的卤烷进行反应。但当使用沸点较低的卤烷时,则要在压热釜中进行反应。如在压热釜中加入氢氧化钠水溶液和对苯二酚,压入氯甲烷(沸点 $-23.7℃$)气体,逐渐升温至 $120℃$,压力 $0.39MPa\sim0.59MPa$,保温 3h,直到压力下降至 $0.22MPa\sim0.24MPa$ 为止。处理后,产品对苯二甲醚的收率可达 83%。其反应式为:

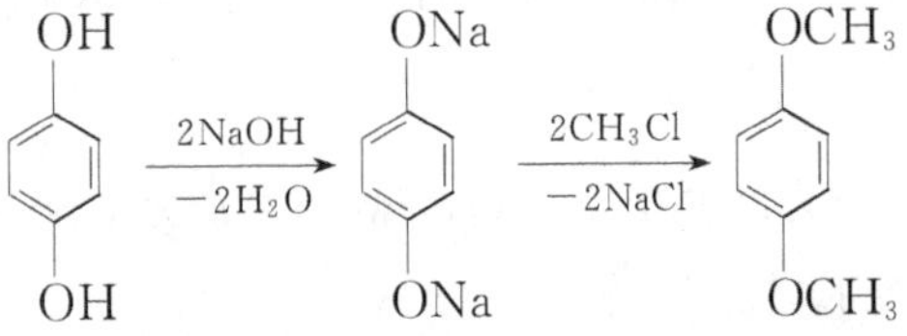

在氧甲基化时,为避免使用高压釜或使反应能在温和条件下进行,常改用碘甲烷(沸点 42.5℃)或硫酸二甲酯作烷基化剂。

(2) 酯 O-烷基化法

硫酸酯是沸点高的活泼烷基化剂,可在高温、常压下进行反应,缺点是价格较高。但对于产量小、价值高的产品,常采用此类烷基化剂。例如,在碱性催化剂存在下,硫酸二甲酯与酚、醇在室温下能顺利反应生成醚类。

$$\text{C}_6\text{H}_5-\text{OH} + (\text{CH}_3)_2\text{SO}_4 \xrightarrow[10℃]{\text{NaOH}} \text{C}_6\text{H}_5-\text{OCH}_3 + \text{CH}_3\text{OSO}_3\text{Na}$$

$$\text{C}_6\text{H}_5-\text{CH}_2\text{CH}_2\text{OH} + (\text{CH}_3)_2\text{SO}_4 \xrightarrow[\text{NaOH}]{(n-\text{C}_4\text{H}_9)_4\text{N}^+\text{I}^-} \text{C}_6\text{H}_5-\text{CH}_2\text{CH}_2\text{OCH}_3 + \text{CH}_3\text{OSO}_3\text{Na}$$

如,用硫酸二乙酯作烷基化剂时,可不需碱催化剂,且醇、酚分子中含有羧基、氰基、羟基及硝基时,对反应均不会产生不良影响。

(3) 环氧乙烷 O-烷基化法

醇或酚用环氧乙烷反应可在醇羟基或酚羟基的氧原子上引入羟乙基。这类反应可在酸或碱催化剂作用下完成,但生成的产物往往不同。

$$\text{RCH}-\text{CH}_2 \xrightarrow{\text{H}^+} [\text{R}\overset{+}{\text{C}}\text{HCH}_2\text{OH}] \xrightarrow{\text{R}'\text{OH}} \underset{\overset{|}{\text{OR}'}}{\text{RCHCH}_2\text{OH}} + \text{H}^+$$

$$\text{RCH}-\text{CH}_2 \xrightarrow{\text{R}'\text{O}^-} [\underset{\overset{|}{\text{O}^-}}{\text{RCHCH}_2\text{OR}'}] \xrightarrow{\text{R}'\text{OH}} \underset{\overset{|}{\text{OH}}}{\text{RCHCH}_2\text{OR}'} + \text{R}'\text{O}^-$$

高级脂肪醇或烷基酚与环氧乙烷加成可生成聚醚类产物,它们均是重要的非离子表面活性剂,反应一般用碱催化。由于各种羟乙基化产物的沸点都很高,不宜用减压蒸馏法分离。因此,为保证产品质量,控制产品的相对分子质量分布在适当范围,就必须优化反应条件。例如,用十二醇为原料,通过控制环氧乙烷的用量以控制聚合度为 20~22 的聚醚生成。产品的商品名为乳化剂 O 或匀染剂 O。

$$\text{C}_{12}\text{H}_{25}\text{OH} + n\text{CH}_2-\text{CH}_2 \xrightarrow{\text{NaOH}} \text{C}_{12}\text{H}_{25}\text{O}(\text{CH}_2\text{CH}_2\text{O})_n\text{H} \quad (n=20\sim22)$$

将辛基酚与其质量分数为 1% 的氢氧化钠水溶液混合,真空脱水,氮气置换,于 160~180℃通入环氧乙烷,经中和漂白,得到聚醚产品,其商品名为 OP 型乳化剂。

$$\text{C}_8\text{H}_{17}-\text{C}_6\text{H}_4-\text{OH} + n\text{CH}_2-\text{CH}_2 \xrightarrow{\text{NaOH}} \text{C}_8\text{H}_{17}-\text{C}_6\text{H}_4-\text{O}(\text{CH}_2\text{CH}_2\text{O})_n\text{H}$$

2.2.4　相转移催化

在精细有机合成中经常遇到两种互相不溶的反应物,当两种反应物分别处于不同的相中,彼此不能互相靠拢,反应就很难进行,甚至不能进行。例如,溴辛烷与氰化钠互不相溶,在一起共热两周也不发生反应。相转移催化(Phase Transfer Catalysis 简称 PTC)技术提供了解决的办法。

当加入少量的所谓"相转移催化剂"(PTC),使两种反应物转移到同一相中,使反应能迅速顺利进行时,这种反应就称作"相转移催化"(PTC)反应。相转移催化主要用于液-液两相体系。相转移催化剂有季铵盐、聚醚和冠醚等,如:$C_6H_5CH_2N^+(CH_3)_3Cl^-$ 苄基三乙基氯化铵(TEBAC)。

相转移催化剂价格较贵,只有在使用相转移催化法能显著提高收率、改善产品质量、取得较好经济效益时,才具有工业应用价值。

例如,苯乙腈在季铵盐(TEBAC)催化下进行 C-烷基化反应。

$$PhCH_2CN \xrightarrow[28\sim35℃,3\sim5h]{EtBr/浓\ NaOH/TEBAC(1\%摩尔分数)} PhCHCN \atop \underset{Et}{|}$$

正丁醇在碱性溶液中用氯化苄的 O-烷基化,反应收率与是否使用相转移催化剂有很大关系。例如:

$$n-BuOH \xrightarrow[45℃,6h]{PhCH_2Cl/50\%NaOH} n-BuOCH_2Ph$$
$$(4\%)$$

$$n-BuOH \xrightarrow[35℃,1.5h]{PhCH_2Cl/50\%NaOH/TBAHS/C_6H_6} n-BuOCH_2Ph$$
$$(92\%)$$

相转移催化也应用于酚的 O-烷基化,例如:

$$\text{⬡}-OH + BrCH_2CO_2C_2H_5 \xrightarrow[TEBAB]{CH_2Cl_2/NaOH} \text{⬡}-OCH_2CO_2C_2H_5$$
$$(86\%)$$

2.3 相关项目拓展

2.3.1 双酚 A 的制备

1.基本原理

大多数高分子材料在保存和使用过程中,由于空气中氧、光和热的作用,易引起聚合物降解(被氧化分解)。加入抗氧剂可以有效地抑制降解作用。降解反应为典型的链式反应,抗氧剂通过形成稳定的抗氧剂自由基而终止链式反应。

抗氧剂分为两类,一类为自由基抑制剂或主抗氧剂,它们可与自由基反应,从而抑制降解作用,依其作用形式可分为三种:氢原子给予体如仲芳胺和阻碍酚类;自由基捕集剂如苯醌和多环烃;电子给予体如叔胺化合物。在上述三种主抗氧剂中,塑料工业上用得最广泛的是阻碍酚类。这类化合物与仲胺相比,大多数无色、无毒,广泛用于聚烯烃塑料和乳胶制品中。另一类为氢过氧化物分解剂或辅抗氧剂,其作用是将降解反应中产生的氢过氧化物分解为非自由基产物,终止链式反应。

双酚 A 又称二酚基丙烷,化学名称为 2,2'-二对羟基苯基丙烷。本品为无色结晶粉末,熔点 155~158℃,相对密度 1.95(20℃)。溶于甲醇、乙醇、异丙醇、丁醇、乙酸、丙酮及二乙醚,微溶于水,易被硝化、卤化、磺化、烷基化等。双酚 A 可作为塑料和涂料用抗氧剂,是聚氯乙烯的热稳定剂,也是聚碳酸酯、环氧树脂、聚砜、聚苯醚等树脂的合成原料。

双酚 A 的合成方法有多种,大都由苯酚与丙酮合成,可采用不同催化剂。本实验采用的是硫酸法,即苯酚与过量丙酮在硫酸的催化下缩合脱水,生成双酚 A,其反应方程式如下:

催化机理:

2. 主要仪器与药品

仪器:250mL 三口烧瓶;250mL/500mL 烧杯;100mL 量筒;球形冷凝管;机械搅拌器(或电磁搅拌器);200℃温度计;滴液漏斗;滴管;真空泵;布氏漏斗;滤纸;玻璃棒;普通锥形瓶。

药品:苯酚;丙酮;巯基乙酸;80%硫酸;甲苯;二甲苯。

3. 操作步骤

(1)合成

在三口烧瓶中加入 10g 苯酚,接着放入 15g 甲苯,安装水浴、搅拌器、温度计、滴液漏斗开启搅拌溶解。经滴液漏斗缓慢地向三颈烧瓶中加入 12g 质量分数为80%的硫酸,继续搅拌,外用冷水浴冷却物料至 28℃以下,在搅拌下经滴液漏斗向三颈烧瓶中加入 0.5g 助催化剂巯基乙酸。然后一边搅拌一边经滴液漏斗滴加4mL 丙酮,滴加期间,准备一烧杯冷水,防止温度过高,瓶内物料温度控制在 32~35℃,不得超过 40℃,同时开启回流冷凝管的冷却水。约在 30min 内滴加完丙酮,在 36~40℃搅拌 1h 以上。

(2)分离

反应完毕,混合物移入分液漏斗用热水洗涤三次,第一次水洗量为 25mL,第二、第三次水洗量均为 40mL。第一次水洗控温 85℃,第二、第三次水洗控温 82℃。

每次水洗时,一边搅拌一边滴加热水,加完水后,振荡使之混合均匀,再静止分层。放出下层液,将上层的物料移至烧杯中,一边搅拌一边用冷水冷却、结晶。当冷至25℃以下,抽滤,用冷水洗涤滤饼,抽滤,干燥,得粗双酚A。滤液中甲苯可回收。

(3)精制

双酚A的精制采用重结晶法,按粗双酚A:水:二甲苯=1:1:6(质量比)的配料投入三口烧瓶中,搅拌下加热升温至92~95℃。加热回流15~30min。停止搅拌,将物料移入分液漏斗中静置分层,放出下层水液后,冷却结晶,当冷至25℃以下后,离心脱出二甲苯(回收),将双酚A烘干后称重,计算收率。

4.操作要点及异常处理

(1)苯酚具有腐蚀性,熔点43℃,常温下为固体,称取和加料时小心操作,加料完成后及时洗手。

(2)水浴温度严格控制在35~40℃。

(3)洗涤反应液时切勿剧烈振荡,否则反应液易发生乳化现象,不好分层。

(4)反应混合物倒入冷水中,若无固体,可用玻棒摩擦液面下的烧杯内壁或使劲搅拌。

5.思考题

(1)滴加丙酮时为什么控制温度?

(2)水洗时水温的控制依据是什么?

2.3.2　N,N-二甲基十八胺生产实例

1.概况

N,N-二甲基十八胺(N,N-dimethyloctadecylamine)分子式为 $C_{20}H_{43}N$,相对分子质量297.55。结构式为:

$$
\begin{array}{c}
CH_3 \\
| \\
N—(CH_2)_{17}CH_3 \\
| \\
CH_3
\end{array}
$$

N,N-二甲基十八胺物化性能:浅棕色粘稠液体。凝固点22.89℃,凝固后为浅草黄色软蜡质固体。相对密度0.84。易溶于醇类,不溶于水。本品低毒。能与卤代烷反应生成季铵盐阳离子表面活性剂。

N,N-二甲基十八胺主要用途:本品是季铵盐型阳离子表面活性剂的重要中间体。可与环氧乙烷、硫酸二甲酯、硫酸二乙酯、氯甲烷、氯苄等反应,生成不同的季铵盐阳离子表面活性剂,可用于织物柔软剂、抗静电剂、头发调理剂、防丝油剂、染色匀染剂的制造。也是一种驱虫药,可用于抗蠕虫,商品名为地孟丁(dimantine)。

2.生产原理与工艺

(1)生产原理及工艺流程

在乙醇介质中,十八胺与甲酸和甲醛反应生成N,N-二甲基十八胺,副产物二

氧化碳和水。

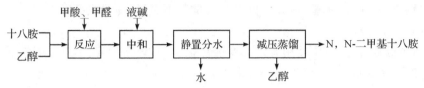

N,N-二甲基十八胺生产工艺流程：

十八胺 乙醇 → 反应 → 中和 → 静置分水 → 减压蒸馏 → N，N-二甲基十八胺

甲酸、甲醛　液碱　　　　　　　　　水　　　乙醇

（2）原料配比

制备 N,N-二甲基十八胺的原料配比详见表 2-4。

表 2-4　制备 N,N-二甲基十八胺的原料配比

原料名称	规格	消耗量（kg/t）	摩尔量（kmol）
十八胺	工业品，≥95％	917	2.93
甲酸	工业品，≥85％	510	9.42
甲醛	37％	546	6.73
液碱	40％	577	5.77
乙醇	95％	420	8.67

（3）主要设备

反应釜、回流装置、减压蒸馏装置、贮液罐。

（4）操作工艺

①加胺

十八胺∶甲醇＝1∶0.55～0.6（质量比），先将十八胺加入带回流器的反应釜中。

②加甲醇、甲酸和甲醛

用蒸汽将十八胺加热到 65℃，再加甲醇，开动搅拌，使温度保持在（45±3）℃；待十八胺全部溶时，开启回流器上的放空阀，然后缓慢加入甲酸，注意控制釜内温度不要超过 50℃。甲酸加毕后，继续搅拌，待温度降低到 45℃时，缓慢加入甲醛。注意不得使温度超过 50～55℃，严防产生大量的 CO_2 造成物料外溢。

③回流

加完甲醛后，在不高于 65℃下搅拌 1～1.5h，直到液面无白色气泡时，再升温至 80～85℃，回流 2～2.5h。

④中和

将物料冷却到 60℃，用液碱中和，使 pH＝10 左右（不得大于 13）；加入 50℃左右的清水，搅拌 10min，然后保温 40～50℃，达 3～4h；放出下层的水和甲醇，上层

物料保持在釜内。

⑤真空脱水

关闭放空阀及回流阀,打开接收阀及真空泵。在真空度为 $720 \times 133.3Pa$ 左右,减压脱去水和少量甲醇(20～30min)。

⑥保温

最后在 60℃ 下保温 2～3h。再于 55～60℃ 下过滤,即得成品。

(5)安全措施

本品低毒,但生产中使用有毒或腐蚀性化学品,设备应密闭,防止反应液溅及皮肤,产品密封包装,储存于通风干燥处。

知识考核

1.什么是 C-烃化、N-烃化、O-烃化?

2.C-烃化反应影响因素有哪些?

3.芳环上 C-烃化反应的三个反应特点分别是什么?

4.芳环上的 C-烃化反应常用的烃化剂和催化剂是什么?

5.N-烃化反应依据所使用的烃化剂种类可分为哪几种方法?

6.根据烷基化试剂的反应方式,N-烷基化可分为哪几种类型?

7.O-烷基化有哪几种方法?

8.什么是相转移催化技术?

3 酰化反应及工艺

以柠檬酸三丁酯制备为教学项目载体,了解一般酰化反应的原理并掌握操作方法,能够处理制备过程中的异常情况并分析制备结果,从而认识酰化单元反应的定义、分类和常见重要的酰化剂,能够分析酰化反应的主要影响因素,并能绘制和掌握常见重要酰基化合物工业生产基本流程。通过酰化单元反应学习,培养学生严格的质量意识,实事求是的科学精神。

3.1 教学项目设计——柠檬酸三丁酯的制备

加入到高分子聚合体系中能增加塑性、柔韧性或膨胀性的物质称为增塑剂。增塑剂通常是高沸点、难挥发的液体或低熔点的固体。其品种繁多,已见研究报道的达1100多种,已商品化的多达200种。就化学结构而言,以邻苯二甲酸酯为主,约占商品增塑剂的80%。增塑剂是有机助剂中占首位的产品类别。主要用于聚氯乙烯(PVC)树脂中,其次用于纤维素树脂、醋酸乙烯树脂、ABS树脂及橡胶等。

增塑剂领域中用量最大的是邻苯二甲酸酯类增塑剂,几乎应用于增塑剂的所有领域,但随着近几年来的深入研究,国外不断有邻苯二甲酸酯增塑剂可能对人体有害的报道。

因此各工业国家都在竞相研究能取代邻苯二甲酸酯的无毒增塑剂,尤其是在食品包装和医用制品工业已开发了一批相适应的增塑剂,柠檬酸酯类增塑剂由于其高度的安全性为世界各国行家所瞩目,其中包括柠檬酸三丁酯(TBC)。

柠檬酸三丁酯与乙烯基树脂、醋酸纤维素、乙酰基丁酸纤维素、乙基纤维素、苄基纤维素等相容性好,增塑效能好,耐寒,耐光,耐水性优良,挥发性小,无毒无臭,有抗霉性,可用于食品包装和医疗卫生制品。

柠檬酸三丁酯可由柠檬酸与正丁醇,在浓硫酸或硫酸氢钠催化下酯化,然后经中和、分离制得。

柠檬酸三丁酯也称为柠檬酸三正丁基酯

英文名称：Tributyl citrate

分子式：$C_{18}H_{32}O_7$

分子量：360.45

熔点：$-20℃$

沸点：225℃

相对密度：1.0418

折光率：1.4431

外观：无色透明液体

溶解性：25℃溶于水<0.002%

江苏雷蒙化工科技有限公司是一家集科研、开发、生产、销售于一体的民营科技型化工企业，主要生产和销售柠檬酸酯、乙酰柠檬酸酯、丁酰柠檬酸酯、醋酸酯、丙酸酯、丁酸酯等酯类系列产品，生产能力达12000吨/年。公司酯化反应工艺技术达到国内领先水平。其中柠檬酸三丁酯由柠檬酸与正丁醇，在浓硫酸催化下进行酯化反应，然后经中和、分离制得。

3.1.1　任务一：认识制备柠檬酸三丁酯的原理

活动一、检索交流

通过书籍或网络查找柠檬酸三丁酯的理化性质、用途、各种制备方法、原理、发展需求等（包括文字、图片和视频等，相互交流），填写相关记录表3-1。

表3-1　柠檬酸三丁酯的基本情况

项目	内容	信息来源
柠檬酸三丁酯的理化性质		
柠檬酸三丁酯的用途		
柠檬酸三丁酯的制备方法原理		
国内外柠檬酸三丁酯生产情况、市场价格		
国内外柠檬酸三丁酯工业发展		

柠檬酸三丁酯制备原理参考：

1.柠檬酸三丁酯合成原理

柠檬酸三丁酯可由柠檬酸与正丁醇，在浓硫酸或硫酸氢钠催化下酯化合成，然后经中和、分离制得。

应用于柠檬酸三丁酯合成的催化剂主要有浓硫酸、固体酸、固体超强酸、杂多酸、无机盐、分子筛、有机酸等。

$$\begin{array}{c}CH_2COOH\\|\\HO—CCOOH\\|\\CH_2COOH\end{array} + 3n-HOC_4H_9 \xrightarrow[]{催化剂} \begin{array}{c}CH_2COOC_4H_9\\|\\HO—CCOOC_4H_9\\|\\CH_2COOC_4H_9\end{array} + 3H_2O$$

反应是可逆的。为使反应向生成柠檬酸三丁酯的方向进行,本实验除使反应物之一正丁醇过量外,还利用共沸精馏将生成的水从反应体系中分离出去,以提高反应转化率。

2. 正丁醇共沸精馏除水原理

酯化反应产生的水,可通过过量正丁醇共沸精馏除去。精馏是利用不同组分在气液两相间的分配,通过多次气液两相间的传质和传热来达到分离不同组分的目的。酯化产生的水能与正丁醇形成共沸物(含水 45.5%),其沸点为 93℃,而正丁醇沸点为 118℃,通过控制塔顶温度(93℃左右),水以共沸物方式从塔顶馏出。

共沸物冷却到 20℃时,正丁醇与水分离,正丁醇中含水 20.1%,正丁醇返回塔釜,反应产生的水不断被分离出。

3. 柠檬酸三丁酯粗品提纯原理

反应结束后,不考虑副反应,粗产品中的物质有:柠檬酸三丁酯、催化剂、过量的正丁醇、水和未反应柠檬酸。

催化剂不溶解,因此可将粗产品过滤,回收催化剂;正丁醇和水是低沸点物质,因此可以通过蒸馏或减压蒸馏除去,也可加无水硫酸钠除去粗产品中的水分,硫酸钠能与水形成 10 结晶水;未反应的少量柠檬酸用碱溶液中和洗涤除去。

活动二、收集数据

根据制备原理,确定主要原料。通过有关化学品安全技术说明书(MSDS)查找原料及产品的安全、健康和环境保护方面的各种信息,查找相关原料化合物的分子量、熔点、沸点、密度、溶解性和毒性等物理性质,制成表格 3-2 并相互交流。

表 3-2　主要原料及产品的物理常数

药品名称	分子量	熔点(℃)	沸点(℃)	密度	水溶解度 (g/100mL)	用量
一水柠檬酸						18.5g
正丁醇						40mL
硫酸氢钠						0.7g
其他药品	饱和碳酸钠溶液、饱和食盐水、无水硫酸钠、滤纸、pH 试纸、活性炭、吸水纸					

3.1.2　任务二:设计柠檬酸三丁酯制备过程

活动一、选择反应装置

参考图 3-1,设计画出仪器设备装置图,选择适宜的仪器设备并搭建装置。

仪器设备规格选择:

1. 柠檬酸三丁酯合成(见表 3-3)

表 3-3 柠檬酸三丁酯合成仪器设备规格与数量

仪器设备名称	规格型号	数量
三口烧瓶		
温度计		
温度计套管		
真空塞		
分水器		
回流冷凝管		
搅拌器		
加热套		
量筒		
烧杯		
试剂瓶		
蒸馏头		
直形冷凝管		
接液管		
锥形瓶		

2. 柠檬酸三丁酯粗品提纯(见表 3-4)

表 3-4 柠檬酸三丁酯粗品提纯仪器设备规格与数量

仪器设备名称	规格型号	数量
烧杯		
温度计		
可调电炉		
布氏漏斗		
试剂瓶		
吸滤瓶		
分液漏斗		
量筒		
恒温水箱		
循环水真空泵		
烘箱		

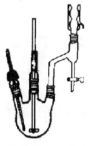

图 3-1 柠檬酸三丁酯合成装置

活动二、列出操作步骤

仔细阅读与研究下列实验过程,在预习报告中详细列出操作步骤。

1. 柠檬酸三丁酯合成

(1)加料

在干燥的三口烧瓶中加入 40mL 正丁醇,18.5g 一水柠檬酸,0.7g 硫酸氢钠。分水器装满水后,再放出 5mL 水。

(2)安装仪器

三口烧瓶分别安装分水器,搅拌器和 200℃温度计。

(3)反应合成

开启搅拌 300rpm,加热回流反应 1.5h,每 15min 记录反应温度,适当分出产生的水[1]。

(4)蒸出丁醇

改为蒸馏装置(或减压蒸馏蒸),控制温度不超过 150℃,蒸出大部分过量丁醇。

(5)称量

分出催化剂,称量,记录粗产品质量。

2. 柠檬酸三丁酯粗品提纯

(1)中和

用 250mL 烧杯称取 TBC 粗产品 100g,水浴加热到 60℃,滴加已配制好的饱和碳酸钠,用广泛 pH 试纸测试,调节溶液至中性,将此混合液倒入分液漏斗中进行分液[2],用 250mL 烧杯接取下层。

(2)水洗

向含 TBC 粗产品的分液漏斗中,加入相同体积的蒸馏水进行水洗三次,每次约 100mL 水,振摇,但勿过分振摇否则分离困难。分层如果很困难,可加 2g 氯化钠固体。

(3)食盐水洗

粗产品加入已配制好的相同体积的饱和食盐水进行盐洗三次,每次约 100mL 盐水。

(4)脱水[3]

粗产品倒入已干燥好的 250mL 烧杯中,在烧杯中加入适量(约 5g)的无水硫酸钠充分搅拌混合液,对产品进行脱水,时间 15min 以上。有大于无水硫酸钠粉末的晶体形成,液体逐渐呈透明。

(5)抽滤

取经干燥的仪器布氏漏斗和吸滤瓶,对脱水后的粗产品进行抽滤[4]。

(6)脱色

待抽滤完成,将抽滤液倒入干燥的 250mL 烧杯中,加入 1g 活性炭进行脱色,温度控制在 50℃左右,再用干燥仪器对脱色液进行抽滤。

(7)称量,计算回收率

将产品装入 250mL 试剂瓶中贴上标签,计算回收率(约 65%～80%)。

3.1.3　任务三:制备柠檬酸三丁酯

活动一、合成制备

1.柠檬酸三丁酯合成:

根据实验步骤操作完成产品合成,同时观察记录产品生产过程中的现象,注意异常状况及时处理,记录有关数据。

2.柠檬酸三丁酯粗品提纯:

根据实验步骤操作完成粗品提纯,同时观察记录产品生产过程中的现象,注意异常状况及时处理,记录有关数据。

操作要点与异常处理:

(1)理论上应该产生 6.3g 水。

(2)洗涤粗产品时,注意分清楚哪一层是产品哪一层是水,要求保留洗涤液至实验结束,以备补救。

(3)需要提前烘箱干燥的仪器有:250mL 烧杯、布氏漏斗、500mL 吸滤瓶、玻璃棒。

(4)润湿滤纸不能用水。

活动二、分析测定

测定产物的折光率,气相色谱测定 TBC 含量。

活动三、展示产品

自行设计记录表。记录产品的外观、性状,设计制作产品标签,称出实际产量,计算理论产量和收率,产品装瓶展示。

点评与思考

(1)什么是共沸物? 正丁醇与水的共沸物中含水量是多少? 沸点多少?

(2)过量的正丁醇起到什么作用? 反应温度过高有什么不利?

(3)用碳酸钠溶液洗涤粗产物的目的是什么? 洗涤操作时,产品在哪一层,为什么?

3.2　酰化反应知识学习

酰化指的是有机分子中与碳原子、氮原子、氧原子、硫原子和磷原子相连的氢被酰基所取代的反应。氨基氮原子上的氢被酰基所取代的反应称 N-酰化,生成的产物是酰胺。羟基氧原子上的氢被酰基取代的反应称 O-酰化,生成的产物是酯,故又称酯化。碳原子上的氢被酰基取代的反应称 C-酰化,生成产物是醛或酮。

酰基是指从含氧的无机酸、有机羧酸或磺酸分子中除去 1 个或 n 个羟基后所剩余的基团。常用的酰化剂有:羧酸类,如甲酸、乙酸、草酸等;酸酐类,如乙酐、丙酐、邻苯二甲酸酐、顺丁烯二酸酐等;酰氯类,如乙酰氯、苯甲酰氯、苯磺酰氯、对甲苯磺酰氯、光气等;羧酸酯类,如氯乙酸乙酯、乙酰乙酸乙酯等;酰胺类,如尿素、N,N-二甲基甲酰胺等。利用酰化反应可以改变原化合物的性质和功能;在有机分子中导入酰基,以发挥其钝化或保护已有官能团的作用,如酰基具有吸电子作用,N-酰化可降低氨基致活能力;酰氨基不易被氧化,N-酰化可保护氨基,待完成合成要求后,可水解除去酰基。

3.2.1　C-酰化

C-酰化指的是碳原子上的氢被酰基所取代的反应。C-酰化反应主要用于制备芳酮、芳醛以及羟基芳酸。

这是芳环上的(Friedel-Crafts)酰基化反应,常用的酰化剂是酰卤、酸酐和羧酸,常以酸性卤化物和质子酸为催化剂。酰化不易发生多酰化,收率比较高,室温下的甲酰氯或甲酐不稳定,不适用于此类甲酰化。

1. C-酰化的影响因素

酰化反应的活性与被酰化物的结构,酰化剂的结构,催化剂和溶剂等因素有关。

(1)被酰化剂

芳环上的(Friedel-Crafts)酰基化反应属于芳环上的亲电取代反应,当芳环上有供电子基(甲基、羟基、烷氧基等)时反应容易进行。酰基主要进入芳环上已有取代基的对位。当对位已被占据时,才进入邻位。氨基虽然也是活化基,但是它容易发生 N-酰化,因此在 C-酰化以前应该先对氨基进行过渡性 N-酰化加以保护。

当芳环上有吸电子基(硝基、磺酸基和酰基等),C-酰化反应难以进行。因此,当芳环上引入一个酰基后,芳环被钝化不易发生多酰化、脱酰基和分子重排等副反应,所以 C-酰化的收率可以很高。但是,对于萘和 1,3,5-三甲苯等活泼的化合物,在一定条件下可以引入两个酰基。

硝基使芳环强烈钝化，因此硝基苯不能被 C-酰化，有时可用作 C-酰化反应的溶剂。

(2)酰化剂

酰化剂的反应活性，取决于其羰基碳所带部分正电荷的大小，正电荷越大，反应活性越高，酰化能力越强。酰基相同的酰化剂，离去基团的吸电子能力越强，羰基碳部分所带正电荷越大，反应活性越强。具有相同酰基的酰化剂反应活性顺序为：

$$酰卤＞酸酐＞羧酸$$

当酰化剂的离去基团相同时，由于共轭效应，芳羧酸的酰化能力低于脂肪羧酸；由于诱导效应，高碳羧酸的反应活性低于低碳羧酸。

酰卤中，具有相同酰基、不同酰卤的反应活性顺序为：

$$RCOI＞RCOBr＞RCOCl$$

常用的酰卤是酰氯，催化剂不同，其反应活性也不尽相同。如以 $AlCl_3$ 为催化剂，酰氯酰化甲苯，酰氯的反应活性顺序为：

$$CH_3COCl＞C_6H_5COCl＞(C_2H_5)_2CHCOCl$$

若以 $TiCl_4$ 作催化剂，酰氯的反应活性顺序为：

$$C_6H_5COCl＞CH_3CH_2CH_2COCl＞C_2H_5COCl＞CH_3COCl$$

(3)催化剂

催化剂的选择常根据反应条件来确定。当酰化剂为酰氯和酸酐时，常以 $AlCl_3$、BF_3、$SnCl_4$、$ZnCl_2$ 等酸性卤化物为催化剂；若酰化剂为羧酸，则多选用 H_2SO_4、HF、H_3PO_4 和多聚磷酸等质子酸为催化剂。

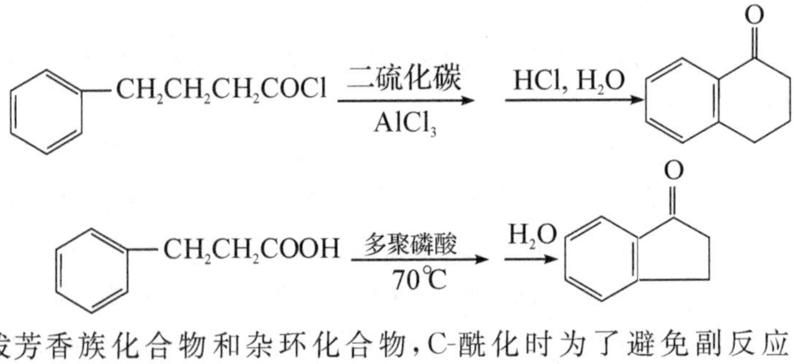

对活泼芳香族化合物和杂环化合物，C-酰化时为了避免副反应，不宜采用 $AlCl_3$，而选用催化活性较为温和的酸性卤化物如无水氯化锌、四氯化锡或质子酸中的多聚磷酸。例如，间苯二酚的酰化，为避免羟基也被酰化，使用无水氯化锌作催化剂，以相应羧酸为酰化剂。

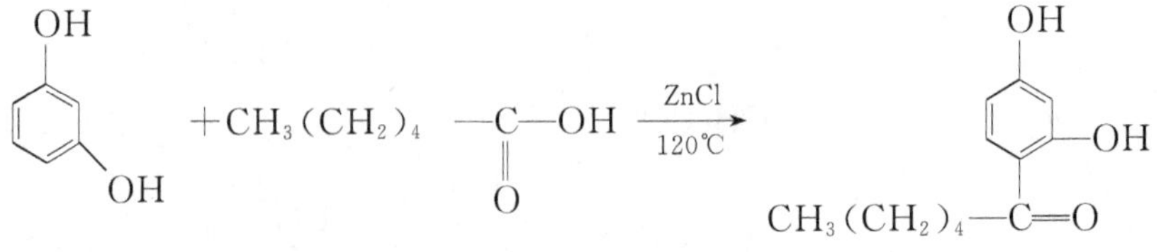

(4)溶剂

大部分 C-酰化产物(芳酮-三氯化铝配合物)是粘稠液体或固体,所以 C-酰化反应需要溶剂,以使酰化过程具有良好的流动性。

在用无水三氯化铝作催化剂时,如果所生成的芳酮-三氯化铝配合物在反应温度下是较易流动的液态,可以不使用溶剂;如果是固态,就需要使用过量的液态被酰化物或者使用惰性有机溶剂。常用的惰性溶剂有一氯甲烷、四氯化碳、1,2-二氯乙烷、二硫化碳、石油醚和硝基苯等。

2. C-酰化方法

(1)酰氯 C-酰化法

用酰氯作酰化剂,在酸性卤化物的催化下在芳环上引入酰基是制备芳酮时常用的方法。例如,萘在催化剂 AlCl₃ 的作用下,用苯甲酰氯进行 C-酰化,可制得还原染料的中间体 1,5-二苯甲酰基萘。该反应使用过量的苯甲酰氯作为酰化剂和反应的溶剂。反应时将无水 AlCl₃ 溶解于过量的苯甲酰氯中,65℃时下慢慢加入萘,再在 65～70℃ 保持 10h,可得产品 1,5-二苯甲酰基萘。

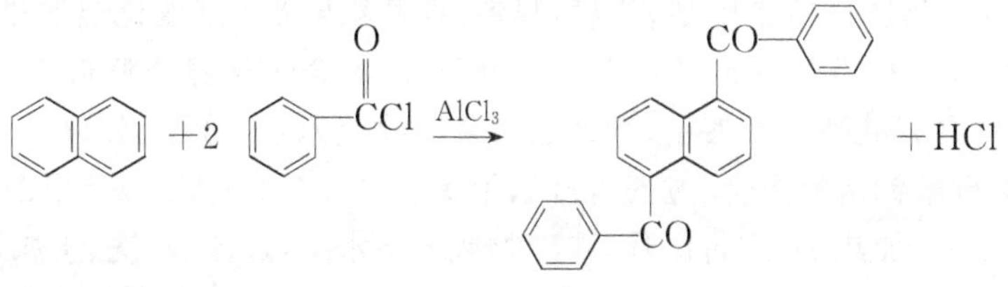

(2)酸酐 C-酰化法

酸酐 C-酰化用的酸酐多数为二元酸酐,如丁二酸酐、顺丁烯二酸酐、邻苯二甲酸酐及它们的衍生物。芳环用二元酸酐酰化时可制取芳酰脂肪酸,进一步脱水环合可得芳酮的衍生物。

例如,邻苯甲酰基苯甲酸合成。

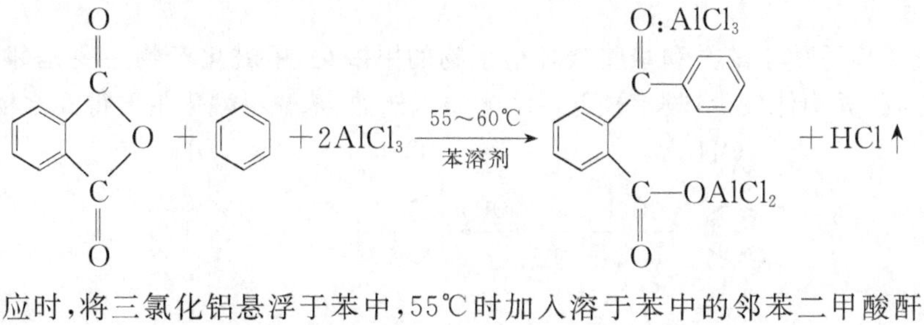

反应时,将三氯化铝悬浮于苯中,55℃时加入溶于苯中的邻苯二甲酸酐溶液,反应产物为邻苯甲酰基苯甲酸与三氯化铝的配合物,C-酰化反应生成的芳酮与 AlCl₃ 的配合物需用水分解,才能分离出产物。

将此配合物慢慢加到水和稀硫酸中进行水解,水解会释放出大量热,将酰化产物放入水中时,要特别小心,避免局部过热。用水蒸气蒸出过量的苯。冷却后过滤、干燥。

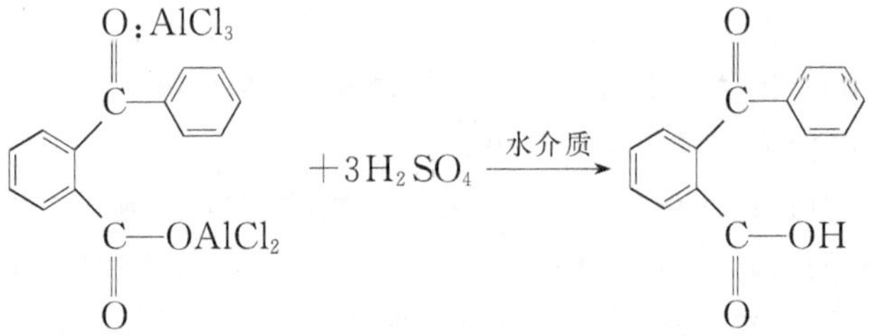

（3）羧酸 C-酰化法

羧酸可以直接用作酰化剂，但不宜用 $AlCl_3$ 作催化剂，一般用硫酸、磷酸，最好是氟化氢。

例如，邻苯甲酰基苯甲酸在浓硫酸中 $130\sim140℃$ 分子内酰化即得到蒽醌。

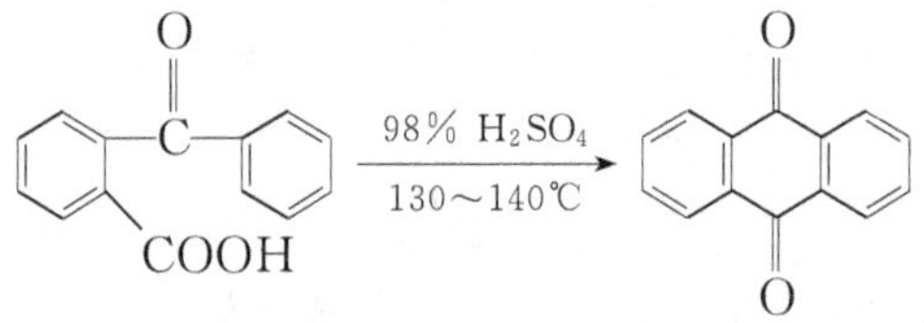

类似的产物还包括 2-甲基蒽醌的制备：将甲苯与无水三氯化铝加热，控制温度在 $45\sim50℃$，在外部冷却下加入邻苯二甲酸酐，混合物保温至反应完全。将反应混合物倒入 10% 硫酸水溶液中，含产品的浆状物经水洗、分层、分离。含产品的溶剂层与 5% 碳酸钠溶液混合、过滤、洗涤、干燥而得 2-（对甲苯酰）苯甲酸，然后与发烟硫酸在 115℃ 加热 1h 进行闭环，将产物倾入冷水中，过滤、水洗、干燥而得。

（4）碳甲酰化

室温下的甲酰氯不稳定、易分解。一氧化碳羰基合成副反应多，且条件苛刻。所以，甲酰氯或一氧化碳不能用作 C-甲酰化试剂。C-甲酰化常用 Reimer-Tiemann 反应和 Vilsmeier 反应。

将酚类和氯仿在强碱水溶液中共热，生成芳香族羟基醛的反应称 Reimer-Tiemann 反应。

此反应适用于酚类和某些杂环衍生物的甲酰化，甲酰化产物主要是邻羟基苯甲醛，对位异构体较少，收率较低（<50%）。例如，苯酚甲酰化主要得到水杨醛：

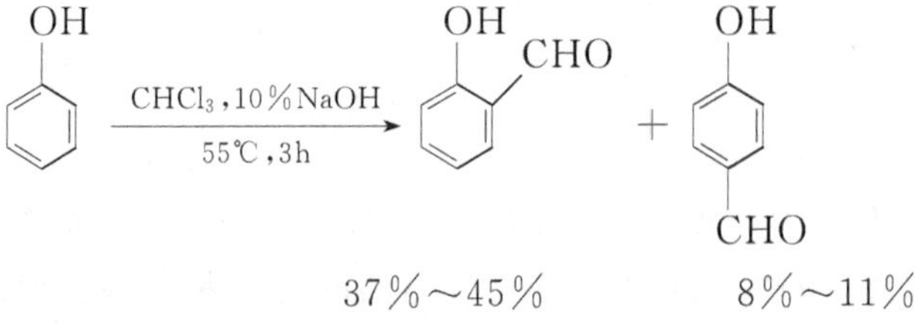

$$37\%\sim45\% \qquad 8\%\sim11\%$$

Reimer-Tiemann 反应操作简便，原料易得，未反应的酚可回收利用。

以氮取代的甲酰胺为甲酰化试剂，在三氯氧磷作用下，在芳环（或杂环）上引入甲酰基的反应称为 Vilsmeier 反应。Vilsmeier 反应是在 N,N-二烷基苯胺、酚类、酚醚及多环芳烃的芳环上引入甲酰基的常用方法。

$$Ar-H + \overset{R}{\underset{R}{N}}-\overset{\overset{O}{\parallel}}{C}-H \xrightarrow{POCl_3} \overset{\overset{O}{\parallel}}{\underset{Ar}{C}}-H + NHR_2$$

N-取代甲酰胺可以是单或双取代的烷基、芳基衍生物。如 N,N-二甲基甲酰胺、N-甲基甲酰胺。应用此反应合成的产品举例如下:

$$H-\overset{\overset{O}{\parallel}}{C}-\langle\bigcirc\rangle-N\overset{CH_3}{\underset{CH_3}{}} \qquad H-\overset{\overset{O}{\parallel}}{C}-\langle\bigcirc\rangle-N\overset{CH_3}{\underset{C_2H_4CN}{}}$$

$$H-\overset{\overset{O}{\parallel}}{C}-\langle\bigcirc\rangle-N\overset{CH_3}{\underset{C_2H_4Cl}{}}$$

3.2.2 N-酰化

N-酰化是制备酰胺的重要方法。被酰化的胺可以是脂肪胺,也可以是芳香胺;可以是伯胺,也可以是仲胺。前述各类酰化剂在 N-酰化中都有应用。N-酰化反应有两种主要作用。

第一,永久性酰化,即将酰基保留在最终产物中,以赋予有机化合物某些新的性能。如扑热息痛(对羟基乙酰苯胺)的合成(一种解热镇痛药),其制备经过乙酰基化反应。

第二,过渡性酰化,也称为临时性酰化,即为了保护氨基,在氨基上暂时引入一个酰基,然后再进行其他有机合成反应,最后再水解脱除原先引入的酰基。

例如由苯胺制备对溴苯胺:

$$\langle\bigcirc\rangle^{NH_2} \xrightarrow{(CH_3CO)_2O} \langle\bigcirc\rangle^{NHCOCH_3} \xrightarrow{Br_2\triangle} \underset{Br}{\langle\bigcirc\rangle}^{NHCOCH_3} \xrightarrow{H_2O,OH^- \text{ 或 } H^+} \underset{Br}{\langle\bigcirc\rangle}^{NH_2}$$

1. 羧酸 N-酰化法

羧酸法是以羧酸为酰化剂进行的 N-酰化,这是一个可逆反应。

$$RCOOH + R'NH_2 \rightleftharpoons R'NHCOR + H_2O$$

使平衡向产物方向移动的方法有:反应物之一过量,一般是羧酸过量;移除生成物,通常是脱出产生的水。脱水的工业措施主要有三种。

共沸蒸馏脱水法,在酰化釜中加入共沸剂,如甲苯、二甲苯等惰性溶剂,共沸蒸馏蒸出水。例如,甲酸与芳胺酰化生产 N-甲酰苯胺、N-甲基-N-甲酰苯胺。

化学脱水法,以五氧化二磷、三氯氧磷、三氯化磷等为脱水剂,以化学方法脱水。

高温脱水法,羧酸、胺为高沸点难挥发物时,可直接加热物料蒸出水;若胺类为挥发物,可将其通入熔融的羧酸中酰化。

用于芳胺 N-乙酰化的还有反应-精馏脱水法,例如乙酰苯胺的生产。

羧酸酰化能力较弱,常用于活性较强胺类的 N-酰化。加入少量盐酸、氢溴酸或氢碘酸等强酸,可加快反应速率。

常用的羧酸有甲酸、乙酸和草酸、苯甲酸等。

2. 酸酐 N-酰化法

酸酐的酰化活性较羧酸强,多用于较难酰化的仲胺以及芳环上含有吸电子基团的芳胺类的酰化。用酸酐对胺类进行酰化反应是不可逆的反应。

$$(RCO)_2O + R'NH_2 \longrightarrow RCONHR' + RCOOH$$

最常用的酸酐是乙酐,在 20~90℃反应即可顺利进行。乙酐在室温下的水解速度很慢,对于反应活性较高的胺类,往往酰化反应的速度大于乙酐水解的速度,因此在室温下用乙酐进行酰化时,反应可以在水介质中进行。

例如,邻氨基苯甲酸因受羧基的影响,碱性减弱,同时氨基又能与羧基形成内盐,更增加了酰化的困难。但是如果用乙酐为酰化剂,仍可得到收率较好的酰化产品。

对于二元胺类,如果只酰化其中一个氨基时,可以先用盐酸使二元胺中的一个氨基成为盐酸盐加以保护,然后按一般方法进行酰化。

例如,间苯二胺在水介质中加入适量盐酸后,再于 40℃用乙酐酰化,先制得间氨基乙酰苯胺盐酸盐,经碱中和可得间氨基乙酰苯胺,它是一个制备活性染料的中间体。

3. 酰氯 N-酰化法

酰氯是最强的酰化剂,能与胺迅速酰化,并以较高的收率生成酰胺。此法是合成酰胺的最简便的方法。用酰氯酰化的反应是不可逆的:

$$RCOCl + R'NH_2 \longrightarrow R'NHCOR + HCl$$

反应中生成的氯化氢能与未反应的胺结合成盐,使酰化反应速率降低。因此,在实际生产中常需要加入碱性物质(缚酸剂),如碳酸钠、碳酸氢钠、醋酸钠、三甲胺、吡啶等,以中和生成的氯化氢,使介质保持中性或弱碱性,从而提高酰化产物的收率。注意碱性不能太强,否则酰氯会水解。

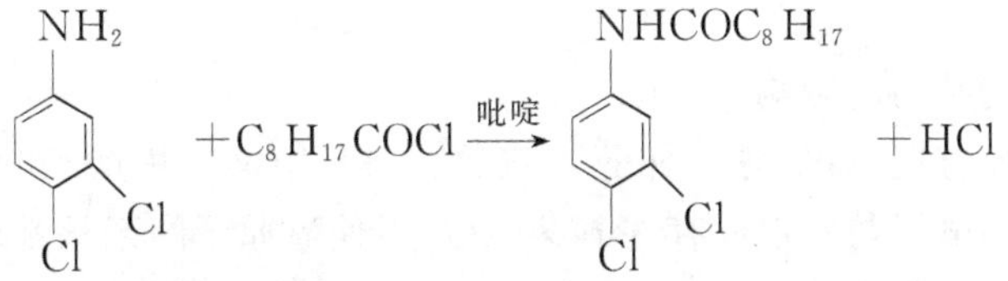

$$\text{(苯胺衍生物)} + C_8H_{17}COCl \xrightarrow{\text{吡啶}} \text{(酰胺)} + HCl$$

酰氯与胺类反应常是放热的,因此通常在冰冷条件下进行反应,也可使用溶剂,以减缓反应速率。常用的溶剂为水、氯仿、乙酸、二氯乙烷、四氯化碳、苯、甲苯等。

苯甲酰氯和苯磺酰氯等是常用的酰氯。与低碳链的脂肪酰氯相比,芳酰氯、芳磺酰氯不易水解。例如:

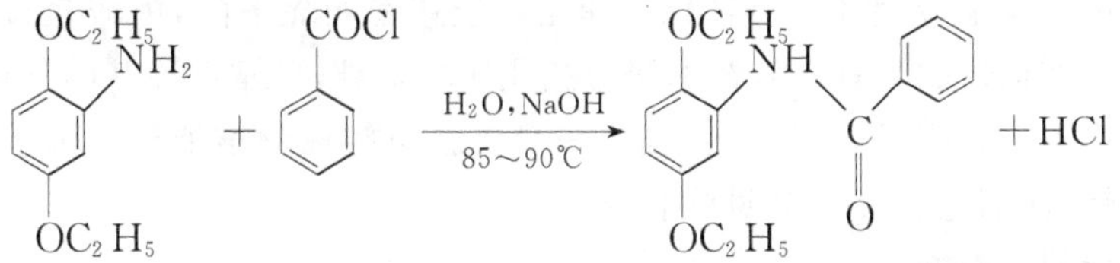

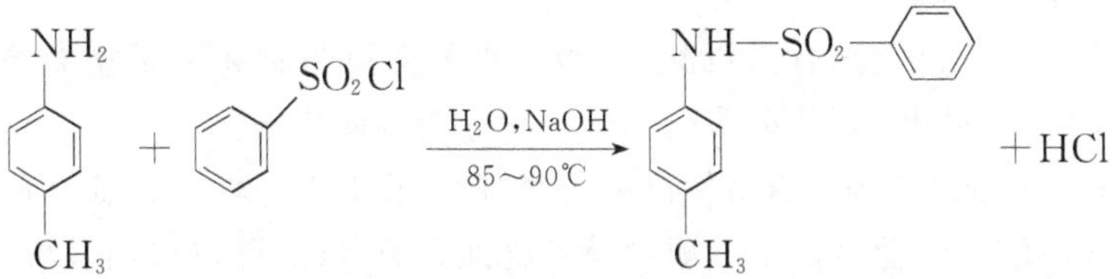

$$\xrightarrow{H_2O,NaOH}_{85\sim90℃} \quad + HCl$$

$$\xrightarrow{H_2O,NaOH}_{85\sim90℃} \quad + HCl$$

光气非常活泼,主要用于合成脲衍生物、异氰酸酯等。例如:

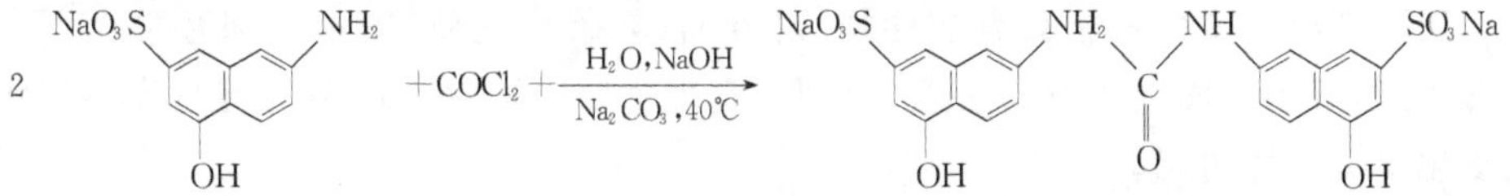

$$+COCl_2 + \xrightarrow{H_2O,NaOH}_{Na_2CO_3,40℃}$$

J 酸　　　　　　　　　　　　　　　猩红酸

3.2.3　O-酰化(酯化)

O-酰化通常是指醇类、酚类化合物与酰化剂作用时,羟基或酚羟基的氧原子上引入酰基生成酯类化合物的反应,又称为酯化反应。工业上常用羧酸作为酰化剂与醇在催化剂存在下进行酯化反应,也可根据需要采用酸酐、酰氯作为酰化剂。还可以选用酯交换等其他方法制备酯。

低碳链的羧酸酯在涂料工业中是常用的溶剂。某些羧酸酯具有特殊的香味,可用作香料。相对分子质量较高的酯,特别是邻苯二甲酸酯则主要用作增塑剂。其他的用途还包括用作树脂、合成润滑油、化妆品、表面活性剂、医药等。

1.羧酸法

羧酸法又称为直接酯化法,是合成酯类的最重要方法。其中最简单的是一元羧酸与一元醇在酸催化下的酯化,反应可逆:

$$RCOOH + R'OH \rightleftharpoons RCOOR' + H_2O$$

(1)影响因素

①醇或酚的结构的影响

一般酯化反应速率:伯醇＞仲醇＞叔醇。伯醇中又以甲醇最快。丙烯醇的氧原子上的未共用电子与双键间存在着共轭效应,使氧原子的亲核性减弱,其酯化反应速率慢于丙醇。苯甲醇的酯化反应速率比相应的脂肪族伯醇慢。叔醇的酯化反应速率很慢,这是由于空间位阻较大,另外叔醇在反应中易脱水,发生消除反应生成烯烃。苯酚中酚羟基受芳环共轭效应的影响,其酯化反应速率也相当慢,酯化收率很低,所以叔醇和苯酚的酯化通常要选用酸酐或酰氯。

②羧酸的结构的影响

在直链羧酸中,羧酸的碳链增长,酯化反应速率明显下降,甲酸是直链羧酸中酯化反应速率最快的。具有侧链的羧酸酯化比较困难,且靠近羧基的支链越多,酯化反应速率下降越明显。芳香族羧酸,一般比脂肪族羧酸难酯化。肉桂酸的苯基与双键共轭,使酯化反应速率明显下降。

③催化剂的影响

工业上常用的催化剂有无机酸、强酸性离子交换树脂和金属盐类等。此外还有固体酸、固载超强酸、固载杂多酸和分子筛等新型催化剂。

无机酸的腐蚀性较强,容易使产品的色泽变深。且盐酸中的氯易置换醇中的羟基而生成卤烷。工业生产上从减少设备腐蚀方面考虑,可以选用有机磺酸,如苯磺酸、对甲苯磺酸等作催化剂。

强酸性离子交换树脂具有酸性强、易分离、无碳化现象、脱水性强及可循环利用等优点,可用于固定床反应装置,有利于实现生产连续化。常用的有酚磺酸树脂及磺化聚苯乙烯树脂。

金属盐类有钛酸四烃酯、氧化亚锡、草酸亚锡、氧化铝、氧化硅等非质子酸催化剂,它们的特点是无腐蚀作用、产品质量好、副反应少。

(2)羧酸和醇的酯化方法

羧酸和醇的酯化是可逆反应,酯化的平衡常数 K 都不大,当使用等摩尔比的羧酸和醇进行酯化时,达到平衡后,反应物中仍剩余相当数量的酸和醇。通常为了使羧酸尽可能完全反应,可采用以下四种方法。

①用大过量低碳醇

例如,将 5-硝基-1,3-苯二甲酸 100g(0.474mol)、甲醇 705g(22.0mol)和浓硫酸 6g(0.06mol)反应,可得 5-硝基-1,3-苯二甲酸二甲酯,收率 90%。产品是医药中间体。

如果生成的酯可溶于过量的醇,可在酯化后蒸出过量的醇。此法的优点是操作简便。但是醇的回收量太大,只适用于批量小、产值高的甲酯化和乙酯化过程,以生产医药中间体和香料等。

②从酯化反应物中蒸出生成的酯

例如,将甲酸(沸点 100.8℃)与乙醇(沸点 78.4℃)按 1∶1.25 的摩尔比,在相当于甲酸质量分数 1% 的浓硫酸的催化作用下,在 64～70℃ 回流 2h,收集 64～100℃ 馏分,用饱和碳酸钠水溶液洗去未反应的甲酸、用无水硫酸钠干燥,精馏收集 53～55℃ 馏分,即得质量分数 98% 的甲酸乙酯(沸点 54.3℃,收率 96%)。

此方法只适用于在酯化反应物中酯的沸点最低的情况,制备甲酸乙酯、甲酸丙酯、甲酸异丙酯和乙酸甲酯等。

③从酯化反应物中直接蒸出水

例如,将甲基丙烯酸(沸点 160.5℃,溶于热水)和乙二醇(沸点 197.6℃,溶于水)在硫酸存在下加热酯化、减压蒸水。

$$2CH_2\!=\!\underset{CH_3}{\overset{}{C}}\!-\!\underset{O}{\overset{}{C}}\!-\!OH + \underset{HO-CH_2}{\overset{HO-CH_2}{|}} \longrightarrow \underset{CH_3\ O}{\overset{CH_2=C-C-O-CH_2}{|}}\ \ \underset{CH_3\ O}{\overset{CH_2=C-C-O-CH_2}{|}}\ +2H_2O$$

然后碱洗、水洗,除去未反应的甲基丙烯酸和乙二醇,最后减压蒸馏就得到甲基丙烯酸乙二醇酯,产品是高分子交联剂。

此方法适用于所用的羧酸和醇以及生成的酯的沸点都比水的沸点高得多,而且不与水共沸的情况。

④共沸精馏蒸水法

在制备正丁酯时,正丁醇(沸点 117.7℃)与水形成共沸物(共沸点 92.7℃,水质量分数 45.5%)。但是,正丁醇与水的相互溶解度比较小,在 20℃ 时水在醇中溶解度是 20.07%(质量),醇在水中的溶解度是 7.8%(质量),因此,共沸物冷凝后分成两层。醇层可以返回酯化釜上的共沸精馏塔的中部,再带出水分。水层可在另外的共沸精馏塔中回收正丁醇。因此,对于正丁醇、各种戊醇、己醇等可用简单共沸精馏法从酯化反应物中分离出反应生成的水。

对于甲醇、乙醇、丙醇、异丙醇、烯丙醇、2-丁醇等低碳醇,虽然也可以和水形成共沸物,但是这些醇能与水完全互溶,或者相互溶解度比较大,共沸物冷凝后不能分成两层。这时可以加入合适的惰性有机溶剂,利用共沸精馏法蒸出水-醇-有机溶剂三元共沸物。可供选用的有机溶剂有苯、甲苯、环己烷、氯仿、四氯化碳等。

2.酸酐法

用酸酐酯化的方法主要用于酸酐较易获得的情况,例如乙酐、顺丁烯二酸酐、丁二酸酐和邻苯二甲酸酐等。

（1）单酯的制备

酸酐是较强的酰化剂，只利用酸酐中的一个羧基制备单酯时，反应不生成水，是不可逆反应，酯化可在较温和的条件下进行。酯化时可以使用催化剂，也可以不使用催化剂。酸催化剂的作用是提供质子，使酸酐转变成酰化能力较强的酰基正离子。

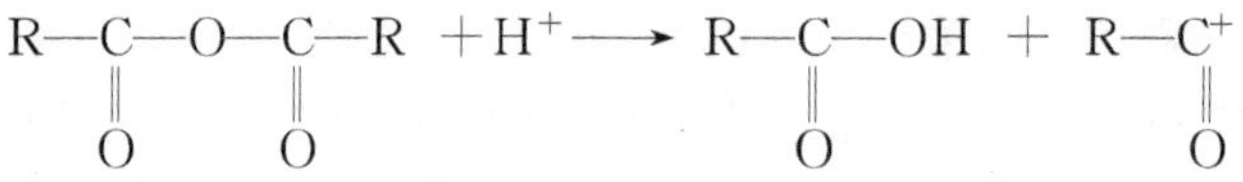

$$R-\underset{\underset{O}{\|}}{C}-O-\underset{\underset{O}{\|}}{C}-R \ +H^{+} \longrightarrow \ R-\underset{\underset{O}{\|}}{C}-OH \ + \ R-\overset{+}{\underset{\underset{O}{\|}}{C}}$$

例如，将水杨酸甲酯和稍过量的乙酐，在浓硫酸存在下，在 60℃反应 1h，将反应物倒入水中，即析出乙酰基水杨酸甲酯，它是医药中间体。

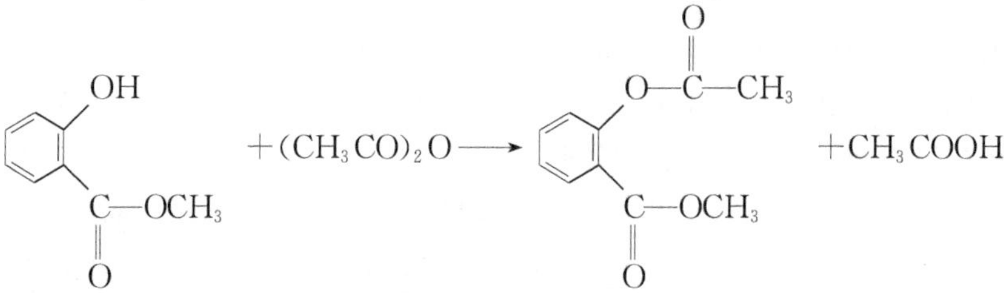

又如，将 1-萘酚溶解于氢氧化钠溶液中配成钠盐，冷却，滴加稍过量的乙酐，即析出乙酸-1-萘酯。

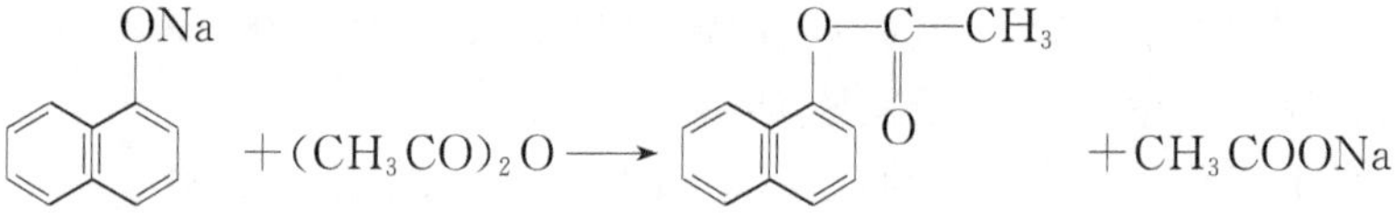

（2）双酯的制备

用环状羧酸酐可以制得双酯。其中产量最大的是邻苯二甲酸二异辛酯，它是重要的增塑剂。

在制备双酯时，反应是分两步进行的，即先生成单酯，再生成双酯。

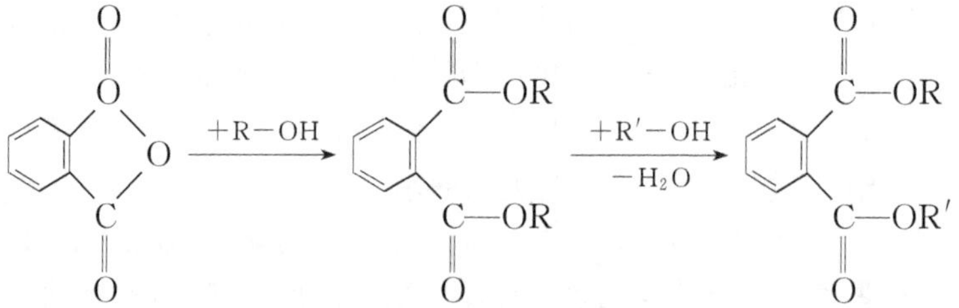

第一步生成单酯非常容易，将邻苯二甲酸酐溶于过量的辛醇中即可生成单酯。第二步由单酯生成双酯属于羧酸的酯化，需要较高的酯化温度，而且要用催化剂。催化剂有钛酸四烃酯、氧化亚锡、草酸亚锡、固载杂多酸、固载超强酸、分子筛等。

我国中小型企业采用单釜间歇酯化法，以氧化亚锡为催化剂，将苯酐与过量的异辛醇，在 180～250℃和常压下酯化，用过量异辛醇带出反应生成的水，粗酯经减压脱醇后,滤出催化剂,即得成品。

大规模生产时采用连续法。苯酐和异辛醇按 1∶(2.2～2.5)的摩尔比连续地先进入单酯化器,温度 130～150℃,然后经过几个串联的双酯化釜,在强烈搅拌和催化剂存在下,依次在 180～230℃酯化并共沸脱水,然后减压闪蒸脱醇、碱洗、水洗、滤出催化剂,用 SiO_2 或 Al_2O_3 等吸附剂脱色,即得成品。邻苯二甲酸的混合双酯具有良好的增塑性能。

3.酰氯法

用酰氯的酯化(O-酰化)和用酰氯的 N-酰化的反应条件基本上相似。最常用的有机酰氯是长碳链脂肪酰氯、芳羧酰氯、芳磺酰氯、光气、氨基甲酰氯、氯甲酸酯和三聚氯氰等。常用的无机酸的酰氯有:三氯化磷用于制亚磷酸酯;三氯氧磷或三氯化磷加氯气用于制磷酸酯。

用酰氯进行酯化时,可以不加缚酸剂,会释放出氯化氢气体。但有时为了加速反应、控制反应方向,需要加入缚酸剂,常用的缚酸剂有氨气、液氨、无水碳酸钾、氢氧化钠水溶液、氢氧化钙乳状液、吡啶、三乙胺等。

例如苯甲酸苯酯的制备,将苯酚溶于稍过量的氢氧化钠水溶液中,滴加稍过量的苯甲酰氯,在 40～50℃反应、过滤、水洗、重结晶,即得成品。

$$\text{C}_6\text{H}_5\text{ONa} + \text{Cl—C(=O)—C}_6\text{H}_5 \longrightarrow \text{C}_6\text{H}_5\text{—O—C(=O)—C}_6\text{H}_5 + \text{NaCl}$$

又如水杨酸苯酯的制备,在熔融的苯酚中加入水杨酸,加热至 130℃,滴加三氯化磷,保温 4h,反应物经后处理就得到成品。

$$3\ \text{HOC}_6\text{H}_4\text{COOH} + 3\ \text{HOC}_6\text{H}_5 + \text{PCl}_3 \longrightarrow 3\ \text{HOC}_6\text{H}_4\text{COOC}_6\text{H}_5 + \text{H}_3\text{PO}_3 + 3\text{HCl}$$

4.酯交换法

酯交换指的是将一种容易制得的酯与醇、酸或另一酯进行反应而制得所需要的酯。包括酯-醇交换法、酯-酸交换法和酯-酯交换法。酯-醇交换法最常用。

（1）酯-醇交换法

将一种低碳醇的酯与一种高沸点的醇或酚在催化剂存在下加热,可以蒸出低碳醇,而得到高沸点醇(或酚)的酯。

$$\text{RCOOR}' + \text{R}''\text{OH} \rightleftharpoons \text{RCOOR}'' + \text{R}'\text{OH}$$

例如,间苯二甲酸二甲酯和苯酚按 1∶2.37 的摩尔比,在钛酸四丁酯催化剂的存在下,在 220℃反应 3h,同时蒸出甲醇,经后处理即得到间苯二甲酸二苯酯。

$$+2C_6H_5OH \xrightarrow{(C_4H_9O)_4Ti} \quad +2CH_3OH$$

（2）酯-酸交换法

酯-酸交换法是通过酯与羧酸的交换反应合成所需要的酯。

$$RCOR' + R''COH \rightleftharpoons RCOH + R''COR'$$

该法应用仅次于酯-醇交换法，特别适用于合成羧酸乙烯酯及二元酸单酯等。

$$CH_3(CH_2)_{10}COOH + CH_3COOCH = CH_2 \rightleftharpoons CH_3(CH_2)_{10}COOCH = CH_2 + CH_3COOH$$

（3）酯-酯交换法

在两种不同酯之间发生的互换反应，生成另外两种新的酯。

$$RCOR' + R''-\overset{O}{\underset{}{C}}-OR''' \rightleftharpoons R-\overset{O}{\underset{}{C}}-OR''' + R''-\overset{O}{\underset{}{C}}-OR'$$

由于反应处于可逆平衡中，必须不断将产物中的某一组分从反应区除去，使反应趋于完全。

例如，对于用其他方法不易制备的叔醇的酯，可以先制成甲酸的叔醇酯，再和指定羧酸的甲酯进行反应。

$$HCOOCR_3 + R''COOCH_3 \xrightarrow{CH_3ONa} HCOOCH_3 + R''COOCR_3$$

因为生成的两种酯的沸点相差较大，且甲酸甲酯沸点很低（31.8℃）很容易从反应产物中不断蒸出，这样就能使酯-酯互换反应进行完全。

3.3　相关项目拓展

3.3.1　邻苯二甲酸二丁酯制备

1. 基本原理

邻苯二甲酸二丁酯主要作聚氯乙烯增塑剂，可使制品具有良好的柔软性。其价廉且加工性好，故使用广泛。

邻苯二甲酸二丁酯可用邻苯二甲酸酐和正丁醇，在浓硫酸或硫酸氢钠催化下酯化，然后经中和、分离制得。

$$+ n-C_4H_9OH \xrightarrow{NaHSO_4} \quad \begin{matrix} -COOC_4H_9 \\ -COOH \end{matrix}$$

邻苯二甲酸酐　　　　正丁醇　　　　　邻苯二甲酸单丁酯

$$\underset{\text{COOH}}{\overset{\text{COOC}_4\text{H}_9}{\bigcirc}} + n-\text{C}_4\text{H}_9\text{OH} \xrightarrow{\text{NaHSO}_4} \underset{\text{COOC}_4\text{H}_9}{\overset{\text{COOC}_4\text{H}_9}{\bigcirc}} + \text{H}_2\text{O}$$

邻苯二甲酸单丁酸　　　　邻苯二甲酸二丁酸

2. 主要仪器与药品

(1)邻苯二甲酸二丁酯合成

多功能有机合成装置 1 套、1000mL/100mL 量筒各 1 个、2000mL/500mL 烧杯各 1 个、电子天平 1 台、样品瓶、1000mL 试剂瓶 1 只。正丁醇(分析纯)、邻苯二钾酸酐(分析纯)、硫酸氢钠(分析纯)。

(2)邻苯二甲酸二丁酯粗品提纯

500mL/250mL 烧杯各 1 只、20cm 玻璃棒 1 支、100℃温度计 1 支、500w 电炉(可调)2 只、7cm 布氏漏斗 2 只、250mL 细口试剂瓶 2 只、500mL 吸滤瓶 2 只、250mL 分液漏斗 1 只、100mL 量筒 1 只、角匙 1 把。恒温水箱、循环水真空泵、干燥箱。

邻苯二甲酸二丁酯粗品(合成反应后)100g、7cm 滤纸(定性,中速)5 张、活性炭 2g、饱和氯化钠、无水硫酸钠、饱和碳酸钠、吸水纸、蒸馏水、pH 试纸(广泛和精密)。

3. 操作步骤

(1)邻苯二甲酸二丁酯合成:

①开启设备

打开总电源,开启设备电源。

②清洗反应釜

卸下反应釜固定螺丝,然后用手持控制器将釜体下降到一定位置。关闭设备电源。用 500mL 烧杯取 200mL 正丁醇,用刷子刷洗反应釜壁、反应釜底、搅拌器和冷却盘管。然后把清洗液从放料口排出。

③检查装置

检查装置各阀门是否正确开启或关闭。加料管、冷凝回流装置和备用出口等阀门应当关闭;出料口阀门关闭;导热油放空阀门打开;油水分离器下端两个阀门关闭。

④加料[1]

将苯酐(1000.0g)、正丁醇(1600.0mL)、催化剂(22.0g)从反应釜进口加入反应釜。加料时,不能将物料撒到反应釜外和釜体上。加料完成后,开启设备电源,用手持控制器将釜体上升到与反应釜盖稍微接触的位置(重要!),然后把反应釜固定螺丝紧固。紧固螺丝时,必须对角多次紧固,严禁单个紧死!

⑤加热反应

启动电脑,打开实验操作程序;按下面板上电源开关,将控制方式调到计算机[2],开启搅拌,设定转速为 20~30;打开搅拌冷却水阀门和塔顶冷却水阀门;确认釜内冷却阀门关闭;按下加热开关,将釜热控温设定为 225℃,塔保温设定为 20℃;反应开始。

反应过程中,观察温度变化,动态调整塔保温设定温度低于实际温度 5℃,最后设定值为 80℃。当塔顶温度快速上升时,蒸汽已经通过精馏塔到达塔顶,塔顶温度可到 90~98℃,及时记录第一滴水馏出时塔釜温度和塔顶温度。

当塔釜温度超过 140℃时,通过调节釜热控温,维持塔釜温度不超过 150℃。当塔顶馏出液逐渐减少,1min 不足 1 滴时,且塔顶温度下降,反应完成(约需要 1.5h)。

⑥冷却降温

将塔保温和塔釜控温设为 10℃,关闭加热,搅拌继续开启,让塔釜自然冷却;当塔釜温度冷却到 110℃时,打开塔釜内冷却水,急冷反应釜温度;塔釜温度降至常温,关闭搅拌,关闭冷却水。

⑦出料,留样[3]

取 2000mL 烧杯接取塔釜料。取 60mL 样品瓶,留取样品 30mL,保存样品供纯度测定和展示。

⑧关闭设备[4]

(2)邻苯二甲酸二丁酯粗品提纯

①中和;

②水洗[5];

③盐水洗;

④脱水[6];

⑤抽滤;

⑥脱色;

⑦称量,计算回收率;

⑧气相色谱法测定 DBP 含量,测定折光率。

4.操作要点及异常处理

(1)如果原料为固体则需要打开釜盖将原料加入反应釜中,按釜体安装要求安装釜盖,对角上紧 6 个主紧螺栓。

(2)实验过程,可通过操作系统设置反应所需参数,由计算机自动记录反应过程。

(3)实验结束,停止实验,关闭釜加热及塔保温开关,待釜内温度降到 80℃以下后,打开釜内螺旋盘管冷凝水开关,快速冷凝。按照操作规范,整理好实验仪器,各设备归位并保持清洁,以备下次使用。

(4)实验过程中能够判断并处理好事故,做好设备保养和维护工作。

(5)分离过程注意准确判断有机层和水层。

(6)脱水阶段注意不能带入水分。

5.思考题

(1)过量的正丁醇起到什么作用？

(2)反应温度过高有什么不利？

(3)用碳酸钠溶液洗涤粗产物的目的是什么？

(4)每一步洗涤操作时，产品在哪一层？

3.3.2 邻苯二甲酸二辛酯生产实例

1.概况

邻苯二甲酸酯类在精细化工的生产中有重要作用。它们是一类重要的增塑剂，约占整个增塑剂市场的 80%，其中产量最大的是邻苯二甲酸二辛酯，英文缩写 DOP，广泛用于聚氯乙烯各种软质制品的加工及涂料、橡胶制品中。邻苯二甲酸二辛酯生产方式有间歇式、半间歇式和连续式。目前世界上广泛使用的是连续式生产工艺，且国外公司最大规模的生产装置已达 10 万吨/年。

2.生产原理与工艺

DOP 是以辛醇(2-乙基己醇)为原料，以邻苯二甲酸酐为酰化剂，在酸性催化剂作用下反应得到，邻苯二甲酸酐与辛醇的酯化一般分为两步。

第一步，苯酐与辛醇合成单酯，反应速率很快，当苯酐完全溶于辛醇，单酯化即基本完成。

$$\text{苯酐} +CH_3CH_2CH_2CH_2CH(C_2H_5)CH_2OH \longrightarrow \begin{array}{l} COOCH_2(C_2H_5)CHC_4H_9 \\ COOH \end{array}$$

第二步，邻苯二甲酸单酯与辛醇进一步酯化生成双酯，这一步反应速率较慢，一般需要使用催化剂、提高温度以加快反应速率。

$$\begin{array}{l} COOCH_2(C_2H_5)CHC_4H_9 \\ COOH \end{array} +C_4H_9CH(C_2H_5)CH_2OH \xrightleftharpoons[]{催化剂} \begin{array}{l} COOCH_2(C_2H_5)CHC_4H_9 \\ COOCH_2(C_2H_5)CHC_4H_9 \end{array} +H_2O$$

总反应式：

$$\text{苯酐} +2CH_3CH_2CH_2CH_2CH(C_2H_5)CH_2OH \xrightleftharpoons[]{催化剂} \begin{array}{l} COOCH_2(C_2H_5)CHC_4H_9 \\ COOCH_2(C_2H_5)CHC_4H_9 \end{array} +H_2O$$

副反应包括辛醇分子内脱水生成烯烃 C_8H_{16}；分子间脱水生成醚 $C_8H_{17}OC_8H_{17}$ 等，由于副反应很少，约占总质量的 1% 左右。数量很少，沸点较低，在酯化过程中，作为低沸物排出系统。

催化剂用量一般以苯酐计为 0.2%～0.5%，物料配比常使辛醇过量，反应生成的水由过量的醇带出。由于产品酯的沸点高，反应温度下不能被蒸出，但原料醇能与反应生成的水形成二元共沸物，且冷凝后很易分离而除水。

生产方式有间歇式、半间歇式和连续式。目前世界上广泛使用的是连续式生产工艺,且国外公司最大规模的生产装置已达 10 万吨/年。

如图 3-2 所示为日本窒素公司 DOP 连续生产工艺流程示意图。熔融苯酐和辛醇以一定的摩尔比,在 130~150℃ 先制成单酯,预热后进入四个串联酯化器的第一级。非酸性催化剂也加入到第一级酯化器中,温度控制不低于 180℃。最后一级酯化器的温度为 220~230℃。邻苯二甲酸单酯到双酯的转化率为 99.8%~99.9%。为了防止反应物在高温酯化时色泽变深,以及为强化酯化过程,在各级酯化器的底部都通入含氧量 <10mg/kg 的高纯氮。

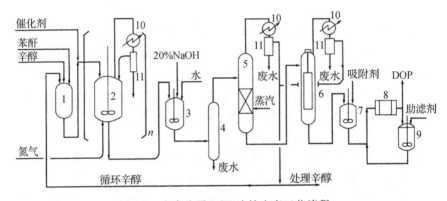

图 3-2　窒素公司 DOP 连续生产工艺流程

1. 单酯反应器;2. 阶梯式串联酯化器($n=4$);3. 中和器;4. 分离器;5. 脱醇塔;
6. 干燥器(薄膜蒸发器);7. 吸附剂槽;8. 叶片过滤器;9. 助滤剂槽;10. 冷凝器;
11. 分离器

中和、水洗是在带搅拌的中和器 3 中同时进行的。碱用量为反应物酸值的 3~5 倍,非酸性催化剂也在中和、水洗工序被洗去。物料经脱醇(0.001~0.002MPa,50~80℃)、干燥(约 0.006MPa,50~80℃)后,进入过滤工序,过滤一般不用活性炭脱色,而用特殊的吸附剂及助滤剂。吸附剂成分为 SiO_2、Al_2O_3、Fe_2O_3、MgO 等。DOP 的收率以苯酐或辛醇计均为 99.3%。

回收的辛醇一部分直接循环使用,另一部分需进行分馏和催化加氢处理。废水经生化处理后排放,废气经水洗涤除臭后排入大气。

知识考核

1. 什么是酰化反应?
2. 常用酰化剂有哪几类?
3. 影响 C-酰化反应有哪些因素?
4. 简述酰化剂酰化能力的强弱。
5. 简述由甲苯制备 2-甲基蒽醌的工艺,并写出反应式。
6. 碳甲酰化有哪些反应? 举例说明。

7.N-酰化反应主要有哪两种作用？举例说明，并写出化学反应式。

8.用酰氯进行 N-酰化、O-酰化时，有时要加入碱性物质，有何作用？举例说明。

9.羧酸法进行的酯化反应，有哪些影响因素？

10.如何使酯化平衡反应进行得完全，可采取哪些方法？

11.酯交换法有哪些方法，举例说明。

12.根据 O-酰化影响因素，讨论 TBC 合成中采取哪些措施提高收率？

4　卤化反应及工艺

教学目标

　　以正溴丁烷制备为教学项目载体,了解一般卤化反应的原理并掌握操作方法,能够处理制备过程中的异常情况并分析制备结果,从而认识卤化单元反应的定义、分类和常见重要的卤化剂,能够分析卤化反应的主要影响因素,并能绘制和掌握常见重要卤化物工业生产基本流程。通过卤化单元反应学习,培养学生谨慎作风与安全意识。

4.1　教学项目设计——正溴丁烷的制备

项目背景

　　中间体最初指用煤焦油或石油产品为原料合成香料、染料、树脂、药物、增塑剂、橡胶促进剂等化工产品的过程中,生产出的中间产物。现泛指有机合成过程中得到的各种中间产物。中间体是半成品,是生产某些产品中间的产物,比如要生产一种产品,可以从中间体进行生产,节约成本。例如,药品生产需要大量的特殊化学品,这些化学品原来大多由医药行业自行生产,但随着社会分工的深入与生产技术的进步,医药行业将一些医药中间体转交化工企业生产。

　　正溴丁烷可用作试剂、萃取剂及中间体,作为医药、染料、农药和香料的原料,用于合成麻醉药盐酸丁卡因,可制备功能性色素的原料(如压敏色素、热敏色素、液晶用双色性色素)。

　　正溴丁烷也称为溴丁烷

　　英文名称:1-Bromobutane

　　分子式:C_4H_9Br

　　外观:无色透明液体

　　分子量:137.03

　　熔点:$-112.4℃$

　　沸点:101.6℃

相对密度(20/4℃):1.2758

折光率(20℃):1.4398

溶解性:不溶于水,易溶于醇、醚、氯仿等有机溶剂

盐城市胜达化工有限公司是专业生产精细化工和医药、农药中间体的化工企业,是全国重点的有机溴系列产品生产基地,主要产品有溴乙烷、溴丙烷、溴丁烷、溴辛烷、2-溴丙烷、溴苯、对二溴苯、对溴氯苯等,产品远销欧美、日本、东南亚等多个国家和地区。溴化反应技术是公司的主导技术,拥有多项专利。

4.1.1　任务一:认识制备正溴丁烷的原理

活动一、检索交流

通过书籍或网络查找正溴丁烷的理化性质、用途、各种制备方法、原理、发展需求等(包括文字、图片和视频等,相互交流),填写相关记录表 4-1。

表 4-1　正溴丁烷的基本情况

项目	内容	信息来源
正溴丁烷的理化性质		
正溴丁烷的用途		
正溴丁烷的制备方法原理		
国内外正溴丁烷生产情况、市场价格		
国内外正溴丁烷工业发展		

正溴丁烷的制备可通过正丁醇与浓氢溴酸在浓硫酸存在下加热或正丁醇与五溴化磷置换溴化制备。

正溴丁烷制备原理参考:

主反应　$NaBr + H_2SO_4 \longrightarrow HBr + NaHSO_4$

$C_4H_9OH + HBr \Longleftrightarrow C_4H_9Br + H_2O$

副反应　$C_4H_9OH \xrightarrow{H_2SO_4} C_2H_5CH \Longleftrightarrow CH_2 + H_2O$

$2C_4H_9OH \xrightarrow{H_2SO_4} C_4H_9OC_4H_9 + H_2O$

$HBr + H_2SO_4 \longrightarrow Br_2 + SO_2 + H_2O$

本实验主反应为可逆反应,提高收率的措施是让 HBr 过量,并用 NaBr 和 H_2SO_4 代替 HBr,边生成 HBr 边参与反应,这样可提高 HBr 的利用率;H_2SO_4 还起到催化脱水作用。反应中,为防止反应物醇被蒸出,采用了回流装置。为防止 HBr 逸出,污染环境,需安装气体吸收装置。回流后再进行粗蒸馏,一方面使生成的产品正溴丁烷分离出来,便于后面的洗涤操作;另一方面,粗蒸过程可进一步使醇与 HBr 的反应趋于完全。

粗产品中含有未反应的醇和副反应生成的醚,用浓 H_2SO_4 洗涤可将它们除去。因为二者能与浓 H_2SO_4 形成锌盐:

$$C_4H_9OH + H_2SO_4 \longrightarrow [C_4H_9\overset{+}{O}H_2]HSO_4^-$$

$$C_4H_9OC_4H_9 + H_2SO_4 \longrightarrow [C_4H_9\underset{H}{\overset{+}{O}}C_4H_9]HSO_4^-$$

活动二、收集数据

根据制备原理,确定主要原料。通过有关化学品安全技术说明书(MSDS)查找原料及产品的安全、健康和环境保护方面的各种信息,查找相关原料化合物的分子量、熔点、沸点、密度、溶解性和毒性等物理性质,制成表格 4-2 并相互交流。

表 4-2　主要原料及产品的物理常数

药品名称	分子量	熔点(℃)	沸点(℃)	密度	水溶解度(g/100mL)	用量
正丁醇						9.1mL
正溴丁烷						—
溴化钠						12.4g
浓硫酸						14.0mL
其他药品	饱和碳酸钠溶液、无水氯化钙					

4.1.2　任务二:设计正溴丁烷制备过程

活动一、选择反应装置

参考图例,设计画出仪器设备装置图,选择适宜的仪器设备并搭建装置。仪器设备规格选择如表 4-3 所示。

表 4-3　正溴丁烷制备仪器设备规格与数量

仪器设备名称	规格型号	数量
圆底烧瓶		
回流冷凝管		
温度计套管		
温度计		
玻璃漏斗		
电热套		
烧杯		
磨口弯管		
直形冷凝管		
锥形瓶		
分液漏斗		
蒸馏头		
量筒		

活动二、列出操作步骤

仔细阅读与研究下列实验过程,在预习报告中详细列出操作步骤。

在 100mL 圆底烧瓶上安装球形冷凝管,冷凝管的上口接一气体吸收装置(见图 4-1),用自来水作吸收液。

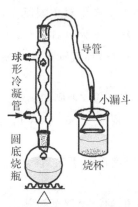

图 4-1 正溴丁烷制备装置

在圆底烧瓶中加入 12mL 水,并小心缓慢地加入 14mL 浓硫酸,混合均匀后冷至室温[1]。再依次加入 9.1mL 正丁醇、12.4g 无水溴化钠[2],充分摇匀后(溴化钠部分溶解)加入一粒沸石,装上回流冷凝管和气体吸收装置[3]。用小火加热至沸[4],调节火焰使反应物保持沸腾而又平稳回流。由于无机盐水溶液密度较大,不久会产生分层,上层液体为正溴丁烷,回流约需 30min。

反应完成后,待反应液冷却,卸下回流冷凝管[5],换上 75°弯管,改为蒸馏装置,蒸出粗产品正溴丁烷,仔细观察馏出液,直到无油滴蒸出为止[6](烧瓶中残留什么?如何处理?[7])。

将馏出液转入分液漏斗中,用 10mL 水洗涤,将油层从下面放入一个干燥的小锥形瓶中[8],将 4mL 浓硫酸分两次加入,每一次都要充分摇匀,如果混合物发热,可用冷水浴冷却。将混合物转入分液漏斗中,静置分层,放出下层的浓硫酸。有机相依次加入 10mL 的水(如果产品有颜色,在这步洗涤时,可加入少量亚硫酸氢钠,振摇几次就可除去[9])、10mL 的饱和碳酸钠溶液、10mL 的水洗涤后,转入干燥的锥形瓶中,加入 1g 左右的块状无水氯化钙干燥,间歇摇动锥形瓶 20min,至溶液澄清为止[10]。

将干燥好的产物过滤转入蒸馏瓶中[11](小心,勿使干燥剂掉入烧瓶中),加入几粒沸石,加热蒸馏,收集 99~103℃ 的馏分[12]。

4.1.3 任务三:制备正溴丁烷

活动一、合成制备

根据实验步骤操作完成产品合成,同时观察记录产品生产过程中的现象,注意异常状况及时处理,记录有关数据。

操作要点与异常处理:

(1)加浓硫酸时要少量多次,边加边冷却,彻底冷却后加溴化钠,投料时应严格按顺序,先加水再加浓硫酸,投料后,一定要混合均匀。

(2)加料时,不要让溴化钠粘附在液面以上的烧瓶壁上,加完物料后要充分摇匀,防止硫酸局部过浓,一加热就会产生氧化副反应,使产品颜色加深。

$$2NaBr + 3H_2SO_4 \longrightarrow Br_2 + SO_4 + 2H_2O + 2NaHSO_4$$

(3)反应时,保持回流平稳进行,导气管末端的漏斗不可全部浸入吸收液,防止倒吸。

(4)加热时,一开始不要加热过猛,否则,反应生成的 HBr 来不及反应就会逸出,另外反应混合物的颜色也会很快变深。操作情况良好时,油层仅呈浅黄色,冷凝管顶端应无明显的 HBr 逸出。

(5)反应蒸馏完毕后应及时洗净蒸馏装置,置气流干燥器烘干,以备最后的产品蒸馏。

(6)粗蒸正溴丁烷时,黄色的油层会逐渐被蒸出,应蒸至油层消失后,馏出液无油滴蒸出为止。检验的方法是用一个小锥形瓶,里面事先装一定的水,用其接一两滴馏出液,观察其滴入水中的情况,如果滴入水中后,扩散开来,说明已无产品蒸出;如果滴入水中后,呈油珠下沉,说明仍有产品蒸出。如果用磨口仪器,粗蒸时,也可将 75°弯管换成蒸馏头进行蒸馏,用温度计观察蒸气出口的温度,当蒸气温度持续上升到 105℃以上而馏出液增加甚慢时即可停止蒸馏,这样判断蒸馏终点比观察馏出液有无油滴更为方便准确。

(7)硫酸氢钠冷却后会形成结晶,可事先加些水防止结块。

(8)用浓硫酸洗涤粗产品时,一定要事先将油层与水层彻底分开,否则浓硫酸被稀释而降低洗涤的效果。如果粗蒸时蒸出的 HBr 洗涤前未分离除尽,加入浓硫酸后就被氧化生成 Br_2,而使油层和酸层都变为橙黄色或橙红色。

(9)酸洗后,如果油层有颜色,是由于氧化生成的 Br_2 造成的,在随后水洗时,可加入少量 $NaHSO_3$,充分振摇而除去。

$$Br_2 + 3NaHSO_3 \longrightarrow 2NaBr + NaHSO_4 + 2SO_2 + H_2O$$

(10)用无水氯化钙干燥时,一般用块状的,粉末的容易造成悬浮而不好分离。氯化钙的用量视粗产品中含水量而定。一般加 2～3 块,摇动后,如果溶液变澄清,氯化钙表面没有变化就可以了。如果粗产品中含水量较多,摇动后,氯化钙表面会变湿润,这时应再补加适量的氯化钙。用氯化钙干燥产品,一般至少放置 0.5h,最好放置过夜,才能干燥完全,但实验中由于时间关系,只能干燥 10～20min。有时干燥前溶液呈混浊,经干燥后溶液变澄清,但这并不一定说明它已不含水分。

(11)最后蒸馏的所有装置须清洁干燥,不得将干燥剂倒入蒸馏瓶内。

（12）本实验最后蒸馏收集 99～103℃ 的馏分，但是，由于干燥时间较短，水一般除不尽，因此，水和产品形成的共沸物会在 99℃ 以前就被蒸出来，这称为前馏分，不能作为产品收集，要另用瓶接收，等到 99℃ 后，再用事先称重的干燥的锥形瓶接收产品。

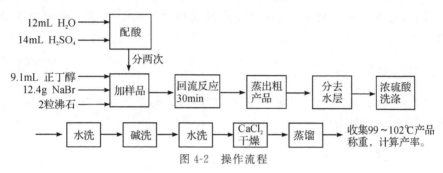

图 4-2　操作流程

请填写完成产品分离流程图：

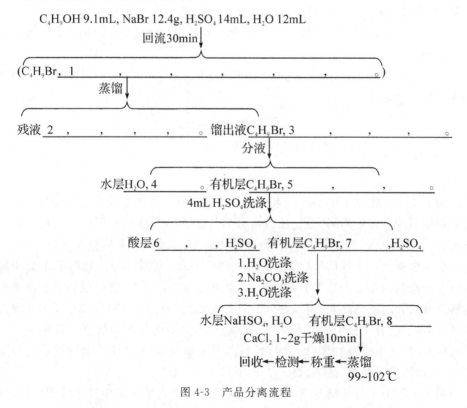

图 4-3　产品分离流程

活动二、分析测定

测定产物的折光率：定性试验有机物中是否含氯或溴，可将一小块灼烧过的氧化铜及极少量试样放在白金丝制成的小环上一起灼烧。如果试样中含有卤素，灯的无色火焰就会变为绿色或浅蓝绿色。

　　卤素的定量分析方法一般是用强氧化剂或还原剂使卤化物分解生成无机的卤离子，然后用硝酸汞或硝酸银标准溶液滴定法测定卤素含量。也可以用薄层色谱进行定性、定量分析。此外，还可以用红外光谱、紫外光谱、质谱来分析鉴定卤化物。

活动三、展示产品

　　自行设计记录表。记录产品的外观、性状，设计制作产品标签，称出实际产量，计算收率，产品装瓶展示。

点评与思考

　　(1)加料时，可使溴化钠和浓硫酸混合，然后再加正丁醇和水，可以吗？为什么？
　　(2)反应后的产物中可能含有哪些杂质，各步洗涤的目的何在？
　　(3)用分液漏斗洗涤产物时，产物时而在上层，时而在下层，你用什么简便方法加以判断？
　　(4)反应后，粗产物正溴丁烷必须蒸完，否则会影响收率，可以从哪些方面判断正溴丁烷已经蒸完？

4.2　卤化反应知识学习

　　向有机化合物分子中引入卤素生成 C-X 键的反应称为卤化单元反应或卤化反应。根据引入卤素的不同，卤化反应可分为氯化、溴化、碘化和氟化。根据引入卤素的方式，卤化反应可分为三种类型，即取代卤化、加成卤化和置换卤化。

　　引入卤素有以下目的：许多有机卤化物是染料、农药、医药、香料的重要中间体。在一些精细化工产品中引入卤素，可以改进性能。例如，含氟氯嘧啶基的活性染料具有优异的染色性能；铜酞菁分子中引入氯或溴原子，可制备绿色及黄光绿色有机颜料；某些有机分子中引入多个氯、溴原子，显出优异的阻燃性。有机分子中引入卤素，分子中的极性增加，并可通过卤素的转化制备含有其他取代基的衍生物，如卤素转换成羟基、氨基、烷氧基等。

　　因为氯代衍生物的制备成本低，所以氯化反应在精细化工生产中应用广泛；溴化、碘化应用较少；由于氟的活泼性过高，通常以间接方法制得氟代衍生物。

　　广泛使用的卤化剂包括卤素、盐酸和氧化剂(空气中的氧、次氯酸钠和氯酸钠等)、金属和非金属的卤化物(如三氯化磷、五氯化磷和亚硫酰氯等)，以及光气、卤酰胺等。

4.2.1 取代卤化反应

1. 芳环上的取代卤化及影响因素

芳环上的取代卤化是在催化剂存在下,芳环上的氢被卤原子取代的过程。它是典型的亲电取代反应,是卤正离子向芳环作亲电进攻,形成 σ 络合物,然后脱去一个质子制得卤代芳烃。

以金属卤化物为催化剂的卤化反应,在工业生产中应用最广泛。常用的催化剂有 $FeCl_3$、$AlCl_3$、$ZnCl_2$ 等。以 $FeCl_3$ 催化氯化苯为例,其反应历程为:

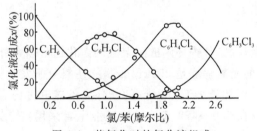

$$H^+ + FeCl_4^- \rightleftharpoons HCl + FeCl_3$$

影响反应的主要因素如下:

(1)原料纯度和杂质的影响

当原料苯中含有杂质噻吩时,它与三氯化铁反应生成沉淀,使催化剂中毒失去活性;同时噻吩的氯化物在精馏氯化液时分解出的氯化氢腐蚀设备。此外,如果原料中含有少量水,生成的氯化氢溶于水形成盐酸,而三氯化铁在盐酸中的溶解度比在苯中大得多,将明显降低苯中的催化剂浓度,从而导致反应速度减慢,当苯中含水量达到 0.2% 时,氯化反应停止进行。工业氯气常含微量氢气,当氢气含量超过 4%,极易产生火灾或爆炸事故。

(2)氯化深度

每摩尔纯苯所消耗的氯气的物质的量称为氯化深度。苯环上取代氯化为一连串反应,可得到多氯化产物。图 4-4 是苯氯化时的氯化液组成图。在氯苯的浓度达到 30% 时,开始有 1% 二氯苯生成,二氯化的速度随着苯中氯苯浓度的增加而明显加快,在氯化深度为 1.0 左右,氯苯的浓度达到极大值。

图 4-4 苯氯化时的氯化液组成

由于氯苯的用途比二氯苯的大,因此对反应深度的控制具有实际的意义。为了减少多氯产物的收率,可以降低氯化反应深度。结果剩余的苯增加,则从反应混合物中回收的苯将增加,操作费用及损耗将增大,设备生产能力将下降,因此要慎重选择反应深度,并按实际需要进行调节。工业生产中,通常采用控制反应器出口氯化液相对密度的方法来控制氯化深度。

(3)反应介质

当有机原料在反应温度下为液体,如苯、甲苯、硝基苯等,一般不使用溶剂;如果有机原料为固体时,则根据原料的性质和反应的难易程度,选择不同的氯化反应介质。当被氯化物和氯化产物为固体且氯化反应比较容易进行时,可以把被氯化物以微细的颗粒分散于水中,在盐酸或硫酸存在下氯化,例如对硝基苯胺的氯化。

硫酸也可以用作为氯化介质,蒽醌在浓硫酸介质中可直接氯化制备 1,4,5,8-四氯蒽醌。通常选用的有机溶剂应该是比被氯化物更难氯化的物质。如萘的氯化可以用氯苯作溶剂,水杨酸的氯化可以用醋酸作溶剂。

(4)氯化工艺

在苯的氯化反应中,如果选择工艺不当,会造成传质不匀,反应生成的产物不能及时离开反应区或返回反应区,从而促进连串反应的进行,这种现象称为物料的返混作用。这种现象的出现会造成多氯化合物增加,对反应不利。在连续化生产中,为了减轻和消除返混作用,可以采用塔式连续氯化器生产工艺,即苯和氯气都以足够的流速由塔的底部进入,保证在塔的下部氯气和纯苯接触,塔顶出口氯苯浓度最大时氯气浓度为最小,从而有效克服返混作用,提高一氯化产物的含量。

此外,芳环上的取代卤化影响因素还包括催化剂、卤化剂、被卤化芳烃的结构和反应温度等。

2.芳径侧链和脂肪烃的取代卤化反应及其影响因素

芳烃侧链和脂肪烃的取代卤化是在光照、加热或引发剂存在下,卤原子取代饱和碳原子上氢原子的过程。

芳烃侧链和脂肪烃取代卤化的反应机理是典型的自由基反应,反应历程包括链的引发、链的增长和链的终止三个阶段;与芳烃环上的取代卤化一样,芳烃侧链和脂肪烃取代卤化反应也是连串反应。

影响反应的因素如下:

(1)光照和温度

由于紫外光能量较高,芳香环侧链碳上氢的卤化通常以紫外光照射进行反应。以氯化为例,氯分子的光离解能是 250kJ/mol,能使氯分子发生光化离解的光的最大波长为 478.5nm。但波长小于 300nm 的紫外光不能透过普通玻璃。所以,引发所用的紫外光的波长在 300~478.5nm。在工业上常采用富含紫外光的日光灯源照射。如果以引发剂代替光照,反应可在黑暗中进行。

自由基连锁反应也可以在高温下引发。氯分子的热离解能是 238.6kJ/mol,只有在 100℃以上,氯分子热离解的速度才可以被观察到,因此热引发的自由基氯化的反应温度必须在 100℃以上。一般液相氯化的反应温度在 100~150℃,而气相氯化的反应温度大多在 250℃以上。一些卤素分子的热离能见表 4-4。

表 4-4 卤素分子的热离能

卤素	光照极限波长(nm)	光离解能(kJ·mol^{-1})	热离解能(kJ·mol^{-1})
氯	478	250	238.6
溴	510	234	193.4
碘	499	240	148.6

（2）杂质与氯化深度

极微量的铁、铝等催化剂的存在,将导致芳环上取代物的生成。通入反应器的氯气需要经过滤器过滤,以除去铁锈。氯化过程应在玻璃制成的或衬玻璃、衬搪瓷和衬铅的反应器中进行。

氧气对反应有阻碍作用,需严格控制其浓度。对于光引发自由基反应,烃中氧含量小于 1.25×10^{-4} mol/L 时,氯气中氧含量需小于 5.0×10^{-5} mol/L。

如果原料中有少量水的存在,则不利于自由基取代反应的进行。因此,工业上常用干燥的氯气。

用自由基取代氯化获得一氯化产物是困难的。氯化深度越高,氯化液中多氯化物含量就越高。通常是采用控制氯化液密度的方法来控制氯化深度。

（3）反应介质

可以使用的溶剂有苯、石油醚、氯仿、四氯化碳,其中四氯化碳是经常采用的反应溶剂,因为它属于非极性惰性溶剂,可以避免自由基反应的终止和副反应的发生。如果反应物为液体,可不用反应溶剂。

3. 芳环上的取代溴化和取代碘化

（1）溴化

有机物分子中引入溴原子后,可用于制备性能优良的染料和药物。而在纤维和塑料制品中溴代芳烃作为主要的阻燃剂,如四溴邻苯二甲酸酐、四溴双酚 A 和十溴二苯醚等。

溴化的方法与制备氯化物的过程相似,常以溴、溴化物、溴酸盐和次溴酸的碱金属盐等作为溴化剂,也可将溴加入碱液中通入氯进行溴化。芳环上溴化可以用金属溴化物作催化剂,如溴化镁、溴化锌,也可以碘作催化剂。

由于溴的资源在自然界中比氯少得多,价格也比较贵,为了在溴化反应中充分利用溴素,常常加入氧化剂,如次氯酸钠、氯酸钠、双氧水或氯气,使生成的溴化氢再氧化成溴,得以充分利用。

$$2HBr + NaClO \xrightarrow{H_2O} Br_2 + NaCl + H_2O$$

4-溴-1-氨基蒽醌-2-磺酸(溴氨酸)是合成深色蒽醌系染料的重要中间体,常以 1-氨基蒽醌为原料经磺化和溴化两步反应得到,其反应式为:

四溴邻苯二甲酸酐是性能良好的反应型阻燃剂,可用于多种聚酯和聚氨酯高分子材料,其反应式为:

阻燃剂四溴双酚 A 的制备:

（2）碘化

碘化与氯化、溴化反应不同,具有可逆性。为制备芳族碘化物,必须减少逆向反应,设法除去反应生成的碘化氢。除去碘化氢的方法是加入氧化剂。常用的氧化剂有硝酸、碘酸、过氧化氢、三氧化硫等。例如,苯与碘和硝酸反应,碘苯的收率达到 86%。

采用一些较强的碘化剂,如氯化碘,可使碘化反应顺利进行。将苯甲醚与冰醋酸均匀混合,慢慢加入由碘片与氯气反应制得的氯化碘,回流反应,冷却后混合物倒入冰水中,可得到碘苯甲醚。

4.2.2 加成卤化反应

烯烃、炔烃和芳烃都可以进行加成卤化反应,应用较多的是烯烃双键的加成卤化。根据使用的卤化剂不同,加成卤化反应可分为卤素、卤化氢及其他卤化物的加成卤化反应。

1. 卤素对烯烃双键的加成反应

氯、溴与烯烃的加成反应产物用途广泛，加成卤化有两种反应历程，即亲电加成卤化和游离基加成卤化。

(1)卤素亲电加成卤化反应

典型的卤素亲电加成反应是在路易斯酸存在下对双键的加成。例如在三氯化铁存在下氯对双键的加成：

$$Cl_2 + FeCl_3 \Longleftrightarrow Cl^+ \cdots FeCl_4^-$$

$$Cl^+ + \quad \overset{}{C}{=}\overset{}{C} \quad \longrightarrow \quad -\overset{|}{\underset{Cl}{C}}-\overset{|}{C}{}^+-$$

$$-\overset{|}{\underset{Cl}{C}}-\overset{+}{C}- + FeCl_4^- \longrightarrow -\overset{|}{\underset{Cl}{C}}-\overset{\overset{Cl}{|}}{\underset{|}{C}}- + FeCl_3$$

双键碳原子上的取代基不仅影响双键的极化方向，而且影响亲电加成反应的难易程度。如果双键碳原子上连有给电子基团，有利于加成卤化；相反，若双键上连有吸电子基团，则不利于该反应的进行。卤素亲电加成反应常采用四氯化碳、氯仿、三氯甲烷、二硫化碳、醋酸等惰性溶剂。

(2)卤素自由基加成卤化反应

在光、热或引发剂(如有机过氧化物、偶氮二异丁腈等)存在下，卤素可以与不饱和烃发生加成反应，该反应为自由基反应，其反应历程为：

链引发：　$Cl_2 \longrightarrow 2Cl\cdot$

链增长：　$CH_2{=}CH_2 + Cl\cdot \longrightarrow CH_2Cl{-}CH_2\cdot$

$CH_2Cl{-}CH_2\cdot + Cl{-}Cl \longrightarrow CH_2Cl{-}CH_2Cl + Cl\cdot$

链终止：　$Cl\cdot + Cl\cdot \longrightarrow Cl_2$

$2CH_2Cl{-}CH_2\cdot \longrightarrow CH_2Cl{-}CH_2{-}CH_2{-}CH_2Cl$

$CH_2Cl{-}CH_2\cdot + Cl\cdot \longrightarrow CH_2Cl{-}CH_2Cl$

光卤化加成的反应特别适用于双键上具有吸电子基的烯烃。例如三氯乙烯中有三个氯原子，进一步加成氯化很困难，但在光催化下可氯化制取五氯乙烷。

2. 卤化氢对烯烃双键的加成反应

卤化氢对烯烃双键的加成反应也分为亲电加成和自由基加成两种。卤化氢亲电加成反应可由路易斯酸(如 $AlCl_3$ 或 $FeCl_3$)催化。

加成反应的定位符合马尔科夫尼科夫规则，即氢原子加到含氢原子多的碳上。

当烯烃双键上连有给电子基团时，有利加成。当双键碳原子上连有强吸电子基团时，加成速度减慢，而且加成定位方向与马尔科夫尼科夫规则相反：

$$\underset{\delta^+}{CH_2}{=\!=}\underset{\delta^-}{CH}{\longrightarrow}Y + H^+X^- \longrightarrow \underset{X}{\overset{}{CH_2}}{-}\underset{H}{\overset{}{CH}}{-}Y$$

在光照或引发剂存在下,溴化氢与双键发生自由基加成反应,其定位规则与马尔科夫尼科夫规则相反。例如:

$$CH_3CH\!\!=\!\!CH_2 + HBr \xrightarrow{h\nu} CH_3CH_2CH_2Br$$

3. 其他卤化剂对烯烃双键的加成

其他卤化剂主要包括次卤酸、N-卤代酰胺等,它们对双键的加成反应都属亲电加成反应,因此用质子酸或路易斯酸作催化剂,使反应速率增加。如用次氯酸与丙烯加成生产环氧丙烷,在世界范围内应用广泛。具体的反应式如下:

$$Cl_2 + H_2O \longrightarrow HOCl + HCl$$

$$2CH_3CH\!\!=\!\!CH_2 + 2HOCl \longrightarrow CH_3\!\!-\!\!\underset{\underset{OH}{|}}{CH}\!\!-\!\!CH_2Cl + CH_3\!\!-\!\!\underset{\underset{Cl}{|}}{CH}\!\!-\!\!CH_2OH$$

$$CH_3\!\!-\!\!\underset{\underset{OH}{|}}{CH}\!\!-\!\!CH_2Cl + CH_3\!\!-\!\!\underset{\underset{Cl}{|}}{CH}\!\!-\!\!CH_2OH \xrightarrow{Ca(OH)_2} 2CH_3\!\!-\!\!\underset{\underset{O}{|\quad|}}{CH}\!\!-\!\!CH_2 + CaCl_2 + H_2O$$

4.2.3　置换卤化反应

卤原子置换有机分子中的其他基团(非氢原子)的反应,称为置换卤化反应。此反应的优点是无异构产物,不发生多卤化,产品纯度高,不足是比直接取代卤化的步骤多。由于产品的纯度高,因此在工业生产中仍具有十分重要的地位,特别是在制药及染料工业中应用较多。

在置换卤化反应中,可以被置换的取代基主要有羟基、磺基、重氮基和硝基等。氟原子的引入主要是通过置换氟化反应来完成的,而且氟还可以置换其他的卤原子。

卤素置换羟基常使用卤化氢、亚硫酰氯和卤化磷为卤化剂。用卤化氢对醇羟基的置换反应是可逆的,如果醇或卤化氢过量,并通过加入带水剂,不断地将生成的水从平衡混合物中移出,可加速反应,提高收率。带水剂有苯、环己烷、甲苯和氯仿等。

这类反应的典型实例有:

$$(CH_3)_3COH \xrightarrow[室温]{HCl \text{气体}} (CH_3)_3CCl$$

$$n\text{-}C_4H_9OH \xrightarrow[回流]{NaBr/H_2O/H_2SO_4} n\text{-}C_4H_9Br$$

$$C_2H_5OH + HCl \underset{加热}{\overset{ZnCl_2}{\rightleftharpoons}} C_2H_5Cl + H_2O$$

卤化亚砜是进行醇羟基置换的优良卤化剂。如氯化亚砜和醇的反应,不仅速度快,而且收率高,副产物二氧化硫和氯化氢都是气体,容易和氯烷分离,是工业上制备氯烃的重要方法之一。卤化磷对羟基的置换,多用于对高碳醇、酚或杂环羟基的置换反应。例如:

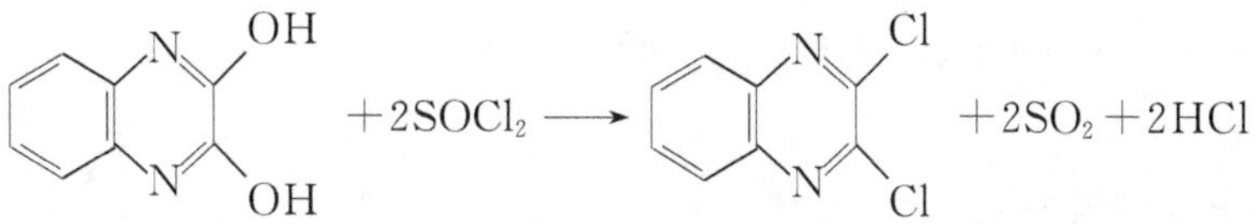

卤素置换磺酸基的典型例子是工业上制备 1-氯蒽醌和 1,5-二氯蒽醌:

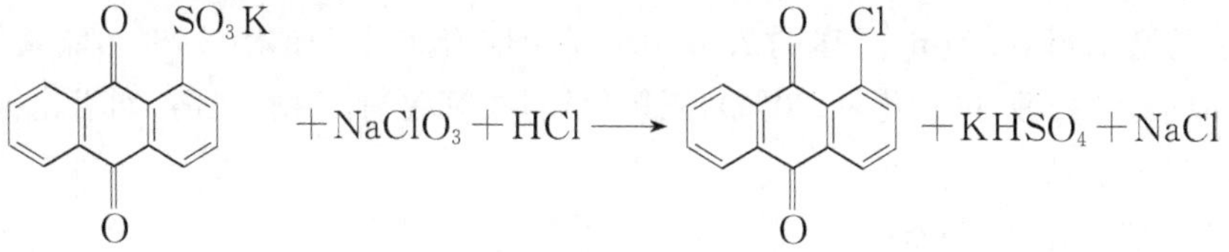

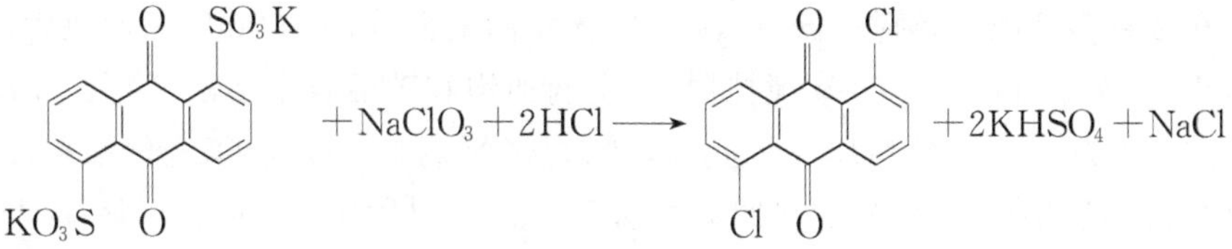

该产物是合成分散、还原染料的重要中间体。

4.3 相关项目拓展

4.3.1 2,4-二氯苯氧乙酸的制备

1.基本原理

2,4-二氯苯氧乙酸,也称 2,4-滴或 2,4-D,是一种植物生长调节剂和除草剂。纯的 2,4-D 为白色无臭晶体,难溶于水,易溶于有机溶剂。按植物种类的不同施用不同的剂量,可以促进插条生根,果实早熟,具有防止落花落果等作用。

该化合物的合成可分多步进行,首先先缩合得到苯氧乙酸,然后分步氯化得最终产物。采用浓盐酸加过氧化氢和次氯酸钠在酸性介质中的分步氯化来制备,避免了使用氯气带来的危险和不便。

第一步 缩合反应:

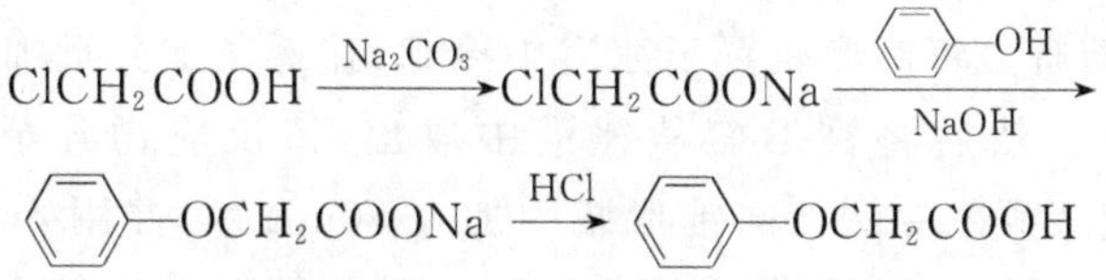

第二步 取代氯化:引入第一个氯,由浓盐酸与过氧化氢为氯化剂

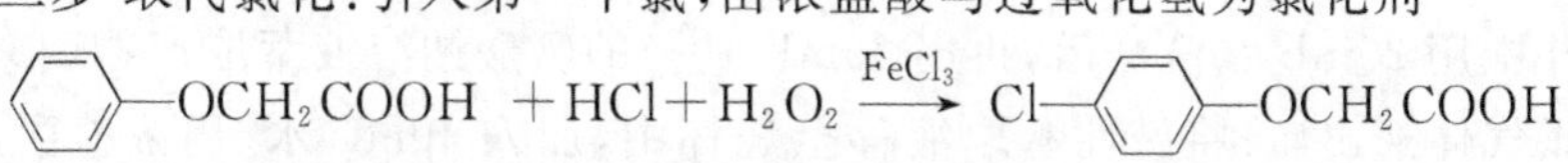

第三步 再次取代氯化:引入第二个氯,由次氯酸钠为氯化剂

$$Cl\text{—}\underset{}{\bigcirc}\text{—OCH}_2\text{COOH} +2NaOCl \xrightarrow{H^+} Cl\text{—}\underset{Cl}{\bigcirc}\text{—OCH}_2\text{COOH}$$

2. 主要仪器与药品

滴液漏斗,三颈瓶,回流冷凝管,多功能电热搅拌器。

氯乙酸 3.8g(0.04mol),苯酚 2.5g(0.027mol),饱和碳酸钠溶液,35%氢氧化钠溶液,冰醋酸,浓盐酸,过氧化氢(30%),三氯化铁,次氯酸钠,乙醇,乙醚,四氯化碳。

3. 操作步骤

(1)苯氧乙酸的制备

在装有多功能电热搅拌器,回流冷凝管和滴液漏斗的 100mL 三颈瓶中,加入 3.8g 氯乙酸和 5mL 水。开动搅拌器,慢慢滴加饱和碳酸氢钠溶液(约需 7mL)[1],至溶液 pH 为 7～8。然后加入 2.5g 苯酚,再慢慢滴加 35%的氢氧化钠溶液至反应混合物 pH 为 12。100℃加热回流约 0.5h。反应过程中 pH 值会下降,应补加氢氧化钠溶液,保持 pH 值为 12,继续加热 15min。反应完毕后反应液趁热转入锥形瓶中,在搅拌下用浓盐酸酸化至 pH 为 3～4。在冰浴中冷却,析出固体,待结晶完全后,抽滤,粗产物用冷水洗涤 2～3 次,在 60～65℃下干燥,产量约 3.5～4g,测熔点。粗产物可直接用于对氯苯氧乙酸的制备。

纯苯氧乙酸的熔点为 98～99℃。

(2)对氯苯氧乙酸的制备

在装有搅拌器,回流冷凝管和滴液漏斗的 100mL 的三颈瓶中加入 3g(0.02mol)上述制备的苯氧乙酸和 10mL 冰醋酸。将三颈瓶置于多功能电热搅拌器加热,同时开动搅拌。待温度上升至 55℃时,加入少许(约 20mg)三氯化铁和 10mL 浓盐酸。当温度升至 60～70℃时,在 10min 内慢慢滴加 3mL 过氧化氢(33%)[2],滴加完毕后保持此温度再反应 20min。升高温度使瓶内固体全熔,慢慢冷却,析出结晶。抽滤,粗产物用水洗涤 3 次。粗品用 1∶3 乙醇-水重结晶,干燥后产量约 3g。

纯对氯苯氧乙酸的熔点为 158～159℃。

(3)2,4-二氯苯氧乙酸(2,4-D)的制备

在 250mL 锥形瓶中,加入 2g(0.0132mol)干燥的对氯苯氧乙酸和 24mL 冰醋酸,搅拌使固体溶解。将锥形瓶置于冰浴中冷却,在摇荡下分批加入 40mL 5%的次氯酸钠溶液[3]。然后将锥形瓶从冰浴中取出,待反应物升至室温后再保持 5min。此时反应液颜色变深。向锥形瓶中加入 80mL 水,并用 6mol/L 的盐酸酸化至刚果红试纸变蓝。反应物每次用 25mL 乙醚萃取 3 次。合并乙醚萃取液,在分液漏斗中用 25mL 水洗涤后,再用 25mL 10%的碳酸钠溶液萃取产物(小心! 有二氧化碳气体逸出)。将碱性萃取液移至烧杯中,加入 40mL 水,用浓盐酸酸化至刚果红试纸变蓝,抽滤析出的晶体,并用冷水洗涤 2～3 次,干燥后产量约 1.5g,粗品用四氯化碳重结晶,熔点 134～136℃。

纯 2,4-二氯苯氧乙酸的熔点为 138℃。

(4)2,4-二氯苯氧乙酸的产品纯度测定

①0.1mol/L NaOH 标准溶液的标定

用减量法准确称取 0.4～0.6g 邻苯二甲酸氢钾基准物质两份分别放入两个 250mL 锥形瓶中,加入 40～50mL 水使之溶解(必要时可加热),加入 2～3 滴酚酞指示剂,用 0.1mol/L NaOH 标准溶液滴定至呈微红色,保持 30s 内不褪色,即为终点。计算每次标定的 NaOH 溶液的浓度、平均浓度及相对误差。

②产品纯度的测定

准确称取产品 0.45～0.50g 两份,用 20～30mL 1∶1 乙醇水溶液溶解,加入 2～3 滴酚酞指示剂,用标准 NaOH 溶液滴定至呈微红色,保持 30s 内不褪色,即为终点。平行测定两次,计算每次所测样品中 2,4-二氯苯氧乙酸的百分含量、平均百分含量及相对误差。

也可以用高效液相色谱来分析纯度。

4. 操作要点及异常处理

(1)为防止氯乙酸水解,先用饱和碳酸钠溶液使之成盐,并且加碱的速度要慢。

(2)开始滴加时,可能有沉淀产生,不断搅拌后又会溶解,盐酸不能过量太多,否则会生成盐而溶于水。若未见沉淀生成,可再补加 2～3mL 浓盐酸。

(3)若次氯酸钠过量,会使产量降低。

5. 思考题

(1)芳环上的卤化反应有哪些方法? 本实验所用方法有什么优缺点?

(2)试写出其他合成 2,4-二氯苯氧乙酸的方法。

(3)本实验各步反应调节 pH 的目的何在?

4.3.2 四溴双酚 A 生产实例

1. 概况

四溴双酚 A(tetrabromo bisphenol A)的化学名称为 4,4′-异亚丙基双(2,6-二溴苯酚),英文缩写 TBA、TBBPA。分子式为 $C_{15}H_{12}Br_2O_2$,相对分子质量 543.9。结构式为:

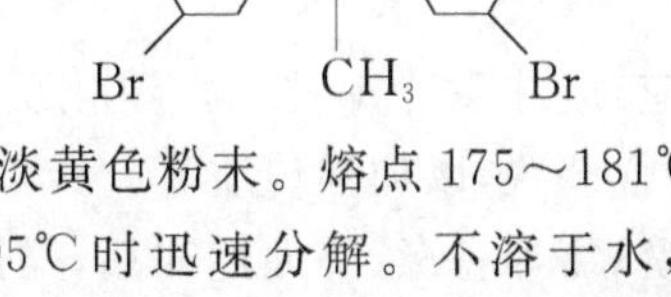

四溴双酸 A 为白色或淡黄色粉末。熔点 175～181℃。理论含溴量为 58.8%。加热至 240℃开始分解,295℃时迅速分解。不溶于水,可溶于甲醇、乙醚、丙酮、苯、冰乙酸等有机溶剂,溶于强碱溶液。可赋予树脂、纤维等优良的阻燃性。无毒。

本品可用作反应型阻燃剂,也可作添加型阻燃剂。广泛用作塑料、橡胶、纺织

品,纤维和造纸的阻燃剂。也用于电视高压包灌注的环氧树脂中。

2.生产原理与工艺

(1)生产原理与工艺流程

双酚A于室温下与溴反应生成四溴双酚A和溴化氢。同时通氯,使溴化氢中的溴被置换出来,参与溴化反应。

$$HO-\bigcirc-\underset{\underset{CH_3}{|}}{\overset{\overset{CH_3}{|}}{C}}-\bigcirc-OH +2Br_2+2Cl_2 \xrightarrow{乙醇} HO-\bigcirc\begin{smallmatrix}Br\\\\Br\end{smallmatrix}-\underset{\underset{CH_3}{|}}{\overset{\overset{CH_3}{|}}{C}}-\begin{smallmatrix}Br\\\\Br\end{smallmatrix}\bigcirc-OH +4HCl\uparrow$$

工艺流程:

双酚A、溴 → 溴化（氯气↓、HCl(回收)↓）→ 过滤 → 水洗 → 干燥 → 成品

(2)原料配比表

制备四溴双酚A的原料配比如表4-5所示。

表 4-5　制备四溴双酚 A 的原料配比

原料名称	规格	消耗量(kg/t)	摩尔量(kmol)
双酚 A	95.0%	228	0.40
氯气	99.0%	160	2.23
溴	98.5%	400	2.46
乙醇	95.0%	114	2.35

(3)主要设备

反应釜、离心机、真空干燥器。

(4)操作工艺

先将 40 份双酚 A 和 100 份 95％乙醇投入反应釜中[1],搅拌溶解。控制 25℃下,边搅拌边加溴[2],加完溴 70 份后搅拌反应 0.5h,然后开始通入氯气 28 份[3]。仍保持 25℃,迅速搅拌,反应中生成的氯化氢用水吸收,副产物为稀盐酸。通完氯气后,继续搅拌 0.5h,鼓入干燥空气,吹尽体系的 HCl。将浆状物料冷却,过滤,滤液循环套用。滤饼用水洗涤后,离心脱水,于 80℃左右干燥,获得白色粉末成品。

(5)操作要点

①溴化反应为放热反应,应注意冷却控温。溴化反应器可采用鼓泡塔式反应器,但在加溴时需有搅拌混合装置,以加强传质。

②该产品生产中使用溴、氯等有毒、腐蚀性物品,操作时应注意安全生产。

③生产中使用溴、氯等有毒或腐蚀性物品,设备必须密闭,操作时应穿戴劳保用品,车间内保持良好的通风状态。

（6）安全措施

生产中使用溴、氯等有毒或腐蚀性物品，设备必须密闭，操作时应穿戴劳动保护用品，车间内保持良好的通风状态。本品无毒，用塑料袋包装，按一般化学品规定储运。

知识考核

1.引入卤素的目的是什么？

2.在有机物上引入卤素，按反应方式不同有哪三种方法？

3.芳环上的取代卤化主要受哪些因素的影响？

4.什么是氯化深度？工业生产中，控制氯化深度有何意义？通常采用什么方法控制氯化深度？

5.什么是返混？会造成何种结果？如何减少返混？

6.苯氯化时，杂质是如何影响反应？应如何处理？

7.在溴化和碘化反应中，如何充分利用溴和碘元素？

8.置换卤化有何优点和不足？

9.氯化液中氯苯含量为 1％时，苯一氯化速率比二氯化高 842 倍；氯化液中氯苯含量为 73.5％时，一氯化与二氯化速率几乎相等。要求解释其原因并提出抑制二氯化的工艺措施。

10.以下列芳烃衍生物为被氯化物，以化学反应式表示其取代氯化的主要产物。

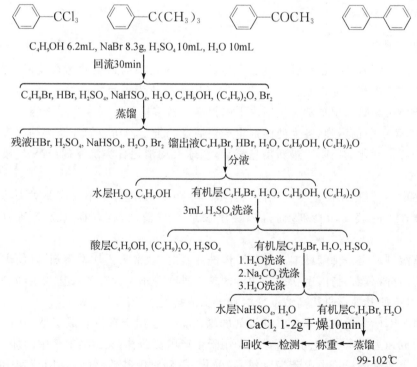

图 4-5　产品分离流程图参考答案

5 磺化反应与工艺

以对甲基苯磺酸制备为教学项目载体,了解一般磺化反应的原理并掌握操作方法,能够处理制备过程中的异常情况并分析制备结果,从而认识磺化单元反应的定义、分类和常见重要的磺化剂,能够分析磺化反应的主要影响因素,并能绘制和掌握常见重要磺化产品工业生产基本流程。通过硝化单元反应学习,培养学生谨慎作风、良好的质量与安全意识。

5.1 教学项目设计——对甲苯磺酸钠的制备

项目背景

在人类跨入 21 世纪之际,随着全球经济一体化和信息化的迅猛发展,古老而又现代的洗涤剂工业蓬发勃勃生机。洗涤用品已成为每家每户的生活必需品,人们对洗涤用品的需求也随着生活水平的提高日益多样化。当今全球洗涤剂市场群雄纷争,竞争空前激烈,各大洗涤剂生产厂商竞相推出多功能的洗涤产品以满足各地消费者多元化的需求。最新信息显示,全球人均消耗各类洗涤剂产品达到 10kg 之多。

在琳琅满目、产品繁多的洗涤剂合成与生产中,其配方中不仅需要对去污效果起主要作用的表面活性剂,而且还要添加助剂与辅助剂,以提高洗涤剂的使用性能。

增溶剂就是一种辅助剂。配制液体洗涤剂时,通常需要加增溶剂,以使配方中的所有组分都能保持溶解状态。增溶剂是一种在分子中含有亲水基和亲油基的化合物,具有使其他有机物高浓度地溶解于水或盐类水溶液的性质。

对甲苯磺酸钠可用作合成洗涤剂的增溶剂。还用于有机合成工业,在医药上用于合成强力霉素、潘生丁、萘普生及用于生产阿莫西林、头孢羟氨苄中间体。

对甲苯磺酸钠可由甲苯为原料,经磺化,得到对甲基苯磺酸,再用液碱中和而制得粗品,再脱色、浓缩、结晶、离心得成品,其中最关键的为磺化操作。

对甲苯磺酸钠,别名 4-甲苯磺酸钠。

英文名称:Sodium p-toluenesulfonate

分子式:$C_7H_7SO_3Na$

分子量:194.18

外观:白色片状晶体,一般为二水结晶物

溶解性:易溶于水(20℃时 67g,80℃时 260g),甲醇中可溶,多数有机溶剂中微溶。

连云港康宁化工有限公司建有国内最大的对甲苯磺酸钠的生产装置,磺化生产能力达到 150 吨/周,其主要工艺是以甲苯为原料,经磺化,得到对甲基苯磺酸,再用液碱中和而制得粗品,再脱色、浓缩、结晶、离心得成品,其中最关键的为磺化操作。

5.1.1 任务一:认识制备对甲苯磺酸钠的原理

活动一、检索交流

通过书籍或网络查找对甲苯磺酸钠的理化性质、用途、各种制备方法、原理、发展需求等(包括文字、图片和视频等,相互交流),填写相关记录表 5-1。

表 5-1 对甲苯磺酸钠的基本情况

项目	内容	信息来源
对甲苯磺酸钠的理化性质		
对甲苯磺酸钠的用途		
对甲苯磺酸钠的制备方法、原理		
国内外对甲苯磺酸钠生产情况、市场价格		
国内外对甲苯磺酸钠工业发展		

以甲苯为原料经硫酸磺化制备对甲苯磺酸钠原理:

$$H_3C-\bigcirc-\ +\ \underset{110\sim120℃}{\overset{}{\rightleftharpoons}}\ H_3C-\bigcirc-SO_3H\ +H_2O$$

$$H_3C-\bigcirc-SO_3H\ +NaCl(过量)\longrightarrow\ H_3C-\bigcirc-SO_3Na\downarrow\ +HCl$$

甲苯的磺化反应,采用浓硫酸为磺化剂,反应可逆,产物为邻位与对位的混合物。随反应温度的不同,它们的相对含量亦不同,低温有利于邻位物的生成,而高温则有利于对位物的生成,反应温度控制在 110~120℃,主要生成对甲苯磺酸。若温度更高,还可以进一步发生二磺化反应。

对甲苯磺酸与硫酸相似。都是强酸且易溶于水,故两者不易分离。通过加入过量的无机盐(氯化钠),使对甲苯磺酸转变为对甲苯磺酸钠。同时过量无机盐的存在,又大大降低了对甲苯磺酸钠在水中的溶解度,即通过"盐析"效应使对甲苯磺酸钠析出结晶,从而使对甲苯磺酸与硫酸得到分离。

活动二、收集数据

根据制备原理,确定主要原料。通过有关化学品安全技术说明书(MSDS)查找原料及产品的安全、健康和环境保护方面的各种信息,相互交流。查找相关原料化合物的分子量、熔点、沸点、密度、溶解性和毒性等物理性质,制成表格 5-2 并相互交流。

表 5-2   主要原料及产品的物理常数

药品名称	分子量	熔点(℃)	沸点(℃)	密度	水溶解度(g/100mL)	用量
甲苯						16mL
浓硫酸						10.5mL
对甲苯磺酸钠						
对甲苯磺酸						
其他药品			碳酸氢钠;精盐;活性炭			

5.1.2   任务二:设计对甲苯磺酸钠制备过程

活动一、选择反应装置

参考图 3-1,设计画出仪器设备装置图,选择适宜的仪器设备并搭建装置。
仪器设备规格选择详见表 5-3。

表 5-3   仪器设备规格与数量

仪器设备名称	规格型号	数量
搅拌器		
三口烧瓶		
回流冷凝管		
分水器		
温度计及套管		
烧杯		
抽滤瓶		
布氏漏斗		
循环水真空泵		
加热装置		

活动二、列出操作步骤

仔细阅读与研究下列实验过程,在预习报告中详细列出操作步骤。

1.磺化

在干燥的三口瓶中,加入 16mL 甲苯,在搅拌下[1]分批加入 10.5mL 浓硫酸(边冷却),并加入几粒沸石,安装回流装置。三口瓶的一口装上球形冷凝管,一侧口插入温度计,另一口配上塞子(或安装电动搅拌装置)。用电热套(或油浴)加热,电压由 80V 逐渐增至 120V,将反应温度控制在 110~120℃,反应液呈微沸。反应回流约 1h。待反应液上层的甲苯油层近乎消失,同时回流现象几乎停止。此时反应已接近完成,可停止加热。

2.中和

将反应液冷至室温,在 250mL 锥形瓶中放入 58mL 水。在冷却与搅拌下将反应液慢慢倒入水中。待溶液冷却后,在搅拌下分批加入 8g 粉状 NaHCO₃(在通风处操作),中和部分酸液[2]。

3.盐析

在上述溶液中加入 15g 精盐,加热至沸,使其全部溶解,趁热过滤[3]。将滤液倒入小烧杯中,放置冷却,并用冰水浴进行冷却。待结晶完全析出。进行抽滤,压紧抽干。将结晶转移至表面皿上,放置晾干后称重。

4.重结晶[4]

在 100mL 锥形瓶中,放入 50mL 水,并将晾干的粗品放入瓶中,加热使粗品完全溶解。然后加入 12.5g 精盐,加热至沸,使其全部溶解。稍冷后加入 0.1g 活性炭,煮沸 5~10min,趁热过滤。滤液倒入小烧瓶中,冷至室温,再用冰水浴冷却。待结晶完全析出,进行抽滤。再用 10mL 饱和食盐水洗涤结晶,压紧抽干。将结晶转移至表面皿上,放置晾干后称量。对甲苯磺酸钠为片状结晶。

5.1.3　任务三:制备对甲苯磺酸钠

活动一、合成制备

根据实验步骤操作完成产品合成,同时观察记录产品生产过程中的现象,注意异常状况及时处理,记录有关数据。

操作要点与异常处理:

(1)甲苯与浓硫酸互不相溶,为了增加反应物之间的接触,在反应中必须经常振摇烧瓶,这是提高产量的关键。最好使用三口瓶电动搅拌回流装置。

(2)硫酸部分中和产物为硫酸氢钠,因为硫酸氢钠比硫酸钠的水溶性大,故在对甲苯磺酸钠析出结晶时,不会同时析出。

(3)先用热水预热布氏漏斗和吸滤瓶。抽滤过程中,吸滤瓶的外部还需用热水浴进行保温,以免析出结晶造成产品损失,加活性炭煮沸时间不宜过长,否则会导致热抽滤失败。抽滤完毕,应先拔掉皮管后关水,以防倒吸。

(4)重结晶可除去溶解度较大的苯二磺酸钠。

活动二、分析测定

1. 测定产物的熔点

具体操作略。

2. 磺化产物的分析测定

(1)总酸度和游离硫酸的测定

将磺化物试样用氢氧化钠标准溶液滴定,而测定硫酸和磺酸的总量,将它们完全按硫酸计量时,称为总酸度。使硫酸根阴离子变为硫酸钡沉淀,过量的钡离子用 $K_2Cr_2O_7$ 标准溶液滴定,可测得硫酸的含量。由总酸量与硫酸含量之差可以计算出试样中磺酸的含量。

(2)色层分析法

磺化时生成的磺酸通常是几种异构芳磺酸或是一、二和多磺酸的混合物。为了测定每一种芳磺酸或主要芳磺酸的含量,可采用色层分析法。纸色层分析主要用于芳磺酸的定性鉴定,薄板色层分析和柱色层分析主要用于芳磺酸的定量测定。层析的展开剂大多是弱碱性溶剂,常用的包括碳酸钠、氨水和吡啶,有时可加入乙醇、丙醇或丁醇等。另外,高压液相色谱仪配合紫外分光光度计可用于芳磺酸的快速测定。

(3)芳磺酸的定性与定量分析

大多数的芳磺酸没有固定的熔点,所以经常把它们转变为容易精制并且具有固定熔点的磺酸盐或磺酸衍生物。可用于鉴定的磺酸衍生物主要是芳磺酰氯和芳磺酰胺。

活动三、展示产品

自行设计记录表。记录产品的外观、性状,设计制作产品标签,称出实际产量,计算收率,产品装瓶展示。

点评与思考

(1)本实验中甲苯磺化反应温度为何必须控制在 110~120℃?若温度高于120℃会发生何种副反应?提高磺化反应收率的关键是什么?

(2)本实验中,加入 NaCl 起什么作用?为什么要加过量的 NaCl?加入活性炭为何煮沸时间不能太长?

(3)为何不能用冷水洗涤对甲苯磺酸钠结晶?

5.2　磺化反应知识学习

向有机化合物中碳原子上引入磺酸基(或其相应的盐或磺酰卤基)的反应称磺化反应。磺化反应是磺酸基中的硫原子与有机分子中的碳原子相连接形成 C-S 键的反应,得到的产物为磺酸化合物。

磺化反应在精细有机合成中具有广泛的应用和重要意义,引入磺酸基的作用主要体现在以下几个方面:

(1)结构修饰作用

向有机分子中引入磺酸基后所得到的磺酸化合物具有水溶性、酸性、表面活性等特性,可广泛用于合成表面活性剂、水溶性染料、食用香料、离子交换树脂及药物等。

(2)桥梁作用

利用磺基可转变为羟基、氨基、氯基等其他基团的性质,制得苯酚、萘酚、磺酰氯、磺酰胺等一系列有机中间体或产品。

(3)定位作用

有时为了合成上的需要而暂时引入磺酸基,待完成特定的反应以后,再将磺酸基脱去。

不同于磺化反应,硫酸化反应是另一类单元反应。硫酸化是向有机化合物分子引入硫酸酯基(或硫酸盐)的反应。硫酸化产品如硫酸二甲酯和二乙酯,都是良好的烃化剂,而十二烷基硫酸酯及其他烷基硫酸酯,也是非常重要的阴离子表面活性剂。

5.2.1 磺化剂

芳烃的磺化主要采用三氧化硫、硫酸、发烟硫酸等作磺化剂。磺化剂自身的不同解离方式可产生不同的亲电质点,用这些磺化剂进行的芳烃磺化反应是典型的亲电取代反应。

1.三氧化硫

三氧化硫的结构是以硫原子为中心的等边三角形,三氧化硫分子中含有两个单键和一个双键。由于氧原子电负性大于硫,因此硫原子缺电子,具有亲电性,可作亲电质点。

三氧化硫作磺化剂通常采用气态 SO_3 或液态 SO_3 使用。有时为了降低 SO_3 活泼性,需要加入惰性溶剂或气体稀释。常用的溶剂有液体二氧化硫、低沸点卤烷如二氯甲烷、二氯乙烷、四氯乙烷等;常用的气体有空气、氮气或气体二氧化硫。

2.硫酸与发烟硫酸

浓硫酸是一种无色油状液体,将三氧化硫溶于浓硫酸中就得到发烟硫酸。目前,工业上普遍采用的是浓硫酸和发烟硫酸。

工业硫酸有两种规格,即 92%～93% 的硫酸(亦称绿矾油)和 98% 的硫酸。发烟硫酸也有两种规格,即含游离的 SO_3 分别为 20%～25% 和 60%～65%,这两种发烟硫酸的凝固点为 -11～-4℃ 和 1.6～7.7℃。常温下,上述规格的磺化剂均为液体,使用和运输方便。浓硫酸和发烟硫酸作为磺化剂适用范围很广。

使用硫酸作磺化剂的特点是副反应少,但反应速率较慢;因为是可逆反应,故硫酸浓度要足够高,才能促使反应向正反应方向移动,同时用硫酸磺化又生成大量的水,需要使硫酸过量,才能保证反应顺利进行,因此会产生大量的废酸。

生产中,如果需要其他浓度的硫酸或发烟硫酸时,可以用上述规格的酸来配制。配酸的计算公式如下:

$$m_1 = m \cdot \frac{c - c_2}{c_1 - c_2}$$

$$m_2 = m \cdot \frac{c_1 - c}{c_1 - c_2}$$

式中,m,m_1 和 m_2 分别表示拟配酸,较浓的酸和较稀的酸的质量;c,c_1 和 c_2 表示相应的酸的浓度。

3. 氯磺酸

氯磺酸可以看作是 $SO_3 \cdot HCl$ 的配合物,在 $-80℃$ 时凝固,$152℃$ 时沸腾,达到沸点时则解离成 SO_3 和 HCl。用氯磺酸磺化可以在室温下进行,反应不可逆,基本上按化学计量进行。反应中副产的氯化氢具有强腐蚀性,工业上相对应用较少,主要用于芳香族磺酰氯、氨基磺酸盐以及醇的硫酸化。

4. 亚硫酸盐

亚硫酸盐可置换芳环上的卤基或硝基,用于制备某些不易由亲电取代得到的磺酸化合物。例如,2,4-二硝基苯磺酸钠的制备。亚硫酸盐磺化也可用于苯系多硝基物的提纯精制。

表 5-4 列出了各种常用的磺化剂和硫酸化试剂的综合评价。

表 5-4　各种常用的磺化与硫酸化试剂评价

试剂	物理状态	主要用途	应用范围	活泼性	备注
三氧化硫（SO_3）	液态	芳香化合物的磺化	很窄	非常活泼	容易发生氧化、焦化,需加入溶剂调节活泼性
	气态	广泛用于有机产品	日益增多	高度活泼,等物质的量,瞬间反应	干空气稀释成 $2\% \sim 8\% SO_3$
20%,30%,65%发烟硫酸（$H_2SO_4 \cdot SO_3$）	液态	烷基芳烃磺化,用于洗涤剂和染料	很广	高度活泼	
氯磺酸（$ClSO_3H$）	液态	醇类、染料与医药	中等	高度活泼	放出 HCl,必须设法回收
硫酰氯（SO_2Cl_2）	液态	炔烃磺化,实验室方法	用于研究	中等	生成 $SOCl_2$
96%～100%硫酸（H_2SO_4）	液态	芳香化合物的磺化	广泛	低	
二氧化硫与氯气（$SO_2 + Cl_2$）	气态	饱和烃的氯磺化	很窄	低	移除水,需要催化剂,生成 $SOCl_2$ 和 HCl
二氧化硫与氧气（$SO_2 + O_2$）	气态	饱和烃的磺化氧化	很窄	低	需要催化剂,生成磺酸
亚硫酸钠（Na_2SO_3）	固态	卤烷的磺化	较多	低	需在水介质中加热
亚硫酸氢钠（$NaHSO_3$）	固态	共轭烯烃的硫酸化,质素的磺化	较多	低	需在水介质中加热

5.2.2 磺化反应原理

1.芳香族磺化反应历程

以苯的磺化反应为例。其反应历程是典型的芳环上的亲电取代反应,分两步进行。首先是磺化活性质点向苯环发生亲电攻击生成 σ 配合物,最后脱去质子(H$^+$)得到苯磺酸。其反应历程可用下式表示(磺化剂分别为三氧化硫、浓硫酸和发烟硫酸):

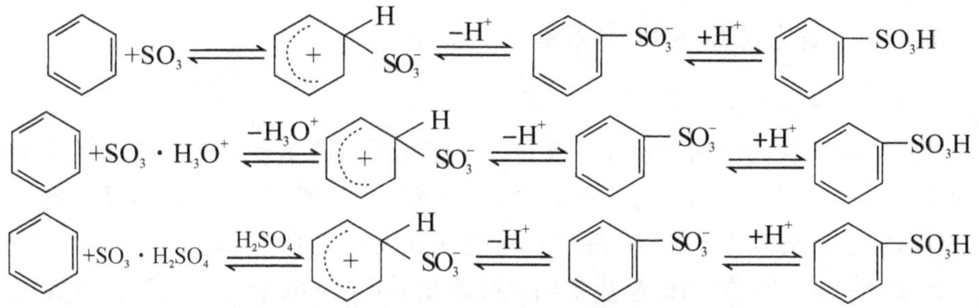

动力学数据表明,以浓硫酸为磺化剂,当水很少时,磺化反应的速率与水浓度的平方成反比,即生成的水量越多,反应速率下降越快。因此,用硫酸作磺化剂的磺化反应中,硫酸浓度及反应中生成的水量多少,是影响磺化反应速率的十分重要的因素。

实验证明,随着水的产生,硫酸浓度的下降,磺化速率会迅速下降。例如,当硫酸浓度由100%下降到99.5%时,氯苯的磺化速率会降低几个数量级。因此在磺化后期总要保温一定时间,甚至需要提高反应温度,来促进磺化反应的完成。

2.磺化反应的亲电质点

磺化剂硫酸和发烟硫酸中可能存在 SO_3、H_2SO_4、$H_2S_2O_7$、HSO_3^+ 和 $H_3SO_4^+$ 等亲电质点。这些亲电质点由磺化剂离解产生。硫酸是一种能按几种方式离解的液体,不同浓度的硫酸有不同的离解方式。

100%硫酸能按下列几种方式离解:

$$2H_2SO_4 \Longrightarrow SO_3 + H_3^+O + HSO_4^-$$

$$2H_2SO_4 \Longrightarrow H_3SO_4^+ + HSO_4^-$$

$$3H_2SO_4 \Longrightarrow H_2S_2O_7 + H_3^+O + HSO_4^-$$

$$3H_2SO_4 \Longrightarrow HSO_3^+ + H_3^+O + 2HSO_4^-$$

若在100%硫酸中加入少量水时,则按下式离解:

$$H_2O + H_2SO_4 \Longrightarrow H_3^+O + HSO_4^-$$

发烟硫酸按下式离解:

$$SO_3 + H_2SO_4 \Longrightarrow H_2S_2O_7$$

$$H_2S_2O_7 + H_2SO_4 \Longrightarrow H_3SO_4^+ + HS_2O_7^-$$

因此,硫酸和发烟硫酸是一个多种质点的平衡体系,其中存在着 SO_3、H_2SO_4、

$H_2S_2O_7$、HSO_3^+ 和 $H_3SO_4^+$ 等亲电质点。实质上它们都是不同溶剂化的 SO_3 分子,都能参加磺化反应,其含量随磺化剂浓度的改变而变化。在发烟硫酸中,亲电质点以 SO_3 为主;在浓硫酸中,以 $H_2S_2O_7$(即 $H_2SO_4 \cdot SO_3$)为主;在 $80\% \sim 85\%$ 的硫酸中,以 $H_3SO_4^+$(即 $H_3^+O \cdot SO_3$)为主;在更低浓度的硫酸中,以 H_2SO_4(即 $H_2O \cdot SO_3$)为主。各种质点参加磺化反应的活性差别较大,在 SO_3、$H_2S_2O_7$、$H_3SO_4^+$ 三种常见亲电质点中,SO_3 的活性最大,$H_2S_2O_7$ 次之,$H_3SO_4^+$ 最小,而反应选择性则正好相反。

5.2.3 磺化反应的影响因素

1. 被磺化物结构和性质

被磺化物芳烃的结构及性质将直接影响磺化反应的结果。芳烃磺化反应是典型的亲电取代反应,因此,当芳环上有甲基、羟基和甲氧基等供电基时,反应速率加快,易于磺化;当芳环上有硝基、醛基和磺酸基等吸电基时,反应速率减慢,较难磺化。例如,在 $50 \sim 100 \text{℃}$ 用硫酸或发烟硫酸磺化时,含供电子基团的磺化速度按以下顺序递增:

$$H \sim Et < Me < Pr << OEt < OMe << OH$$

含吸电子基团的磺化速度按以下顺序递减:

$$H > Cl >> Br \sim COMe \sim COOH >> SO_3H \sim CHO \sim NO_2$$

苯及其衍生物用 SO_3 磺化时,其反应速度按以下顺序递减:

苯>氯苯>溴苯>对硝基苯甲醚>间二氯苯>对硝基甲苯>硝基苯

此外,磺酸基的空间体积较大,在磺化反应过程中,有比较明显的空间效应,因此,不同的芳烃取代基体积越大,则位阻越大,磺化速率越慢。例如,烷基苯用硫酸磺化的相对速率快慢的顺序为:甲苯>乙苯>异丙苯>叔丁苯,其异构体组成比例也不同。表 5-5 列出了烷基苯用硫酸磺化的速度大小及异构体组成比例。

表 5-5　烷基苯一磺化时的异构体组成比例(25℃,89.1%硫酸)

烷基苯	与苯相比较的相对反应速度常数比	异构产物的比例(%)			
		邻位	间位	对位	邻/对
甲苯	28	44.04	3.57	50.0	0.88
乙苯	20	26.67	4.17	68.33	0.39
异丙苯	5.5	4.85	12.12	84.84	0.057
叔丁基苯	3.3	0	12.12	85.85	0

萘环在磺化反应中比苯环活泼。萘的磺化依不同磺化剂和磺化条件,可以制备一系列萘磺酸。2-萘酚的磺化比萘更容易,采用不同磺化剂和磺化条件,可以制备不同的 2-萘酚磺酸。蒽醌环很不活泼,采用发烟硫酸作磺化剂,蒽醌的一个边环引入磺基后对另一个环的钝化作用不大,为减少二磺化产物的生成,要求控制转化

率在 $50\%\sim60\%$，未反应的蒽醌可回收再利用。

2. 硫酸的浓度和用量

不同种类磺化剂对磺化反应有较大的影响。如，用硫酸磺化与用三氧化硫或发烟硫酸磺化差别就较大。前者生成水，是可逆反应，后者不生成水，反应不可逆。

用硫酸磺化时，硫酸浓度对磺化反应速率的影响很大。由于反应生成水，使磺化反应速率大为减慢，当硫酸的浓度下降到一定的程度时，磺化反应实际上已经停止。因此，对一个特定的被磺化物，要使磺化能够进行，磺化剂浓度必须大于某一值，这种使磺化反应能够进行的最低硫酸浓度称为磺化极限浓度。当用 SO_3 的质量百分浓度来表示磺化的极限浓度时，则称此值为磺化 π 值。显然，容易磺化的物质其 π 值较小，而难磺化的物质的 π 值较大。为加快反应及提高生产强度，通常工业上所用原料硫酸的浓度要远大于 π 值。表 5-6 列出了各种芳烃的 π 值。

表 5-6   各种芳烃化合物的磺化 π 值

化合物	π 值	硫酸 $w(\%)$	化合物	π 值	硫酸 $w(\%)$
苯一磺化	64	78.4	萘二磺化（160℃）	52.0	63.7
蒽一磺化	43	53.0	萘三磺化（160℃）	79.8	97.3
萘一磺化（60℃）	56	68.5	硝基苯一磺化	82.0	100.1

例如，萘 60℃ 一磺化时，硫酸浓度不低于 68.5%。

利用"π 值"只能定性说明磺化剂的初始浓度对磺化剂用量的影响。在磺化工艺中，对于磺化剂的初始浓度和用量，一般都需要通过条件实验来优化选择。

不同磺化剂在磺化过程中的影响见表 5-7。

表 5-7   不同磺化剂对反应的影响

影响指标	硫酸	发烟硫酸	三氧化硫	氯磺酸
磺化速率	慢	较快	瞬间完成	较快
磺化转化率	达到平衡，不完全	较完全	定量转化	较完全
磺化热效应	反应时要加热	一般	放热量大要冷却	一般
磺化物粘度	低	一般	特别粘稠	一般
副反应	少	少	多	少
产生废酸量	大	较少	无	较少
反应器体积	大	一般	很小	大

3. 磺化温度和时间

磺化反应是可逆反应，正确选择温度与时间，对于保证反应速度和产物组成是十分重要的。一般磺化反应温度升高会加快反应速率，缩短磺化时间，但温度太高，也会引起多磺化、氧化、焦化、砜的生成等副反应，特别是对砜的生成明显有利。例如，在苯的磺化过程中，温度超过 170℃ 时生成的产物容易与原料苯进一步生成砜。即：

$$\text{(苯)}-SO_3H + \text{(苯)} \xrightarrow{>170℃} \text{(苯)}-SO_2-\text{(苯)} + H_2O$$

甲苯与98％的硫酸进行磺化反应时,温度对异构磺酸生成比例的影响如表5-8所示。

表5-8　温度对甲苯磺化异构产物组成的影响

磺化产物	磺化产物组成（％）								
	0℃	35℃	75℃	100℃	150℃	160℃	175℃	190℃	200℃
邻-甲苯磺酸	42.7	31.9	20.0	13.3	7.8	8.9	6.7	6.8	4.3
间-甲苯磺酸	3.8	6.1	7.9	8.0	8.9	11.4	19.9	33.7	54.1
对-甲苯磺酸	53.5	62.0	72.1	78.7	83.2	77.5	70.7	56.2	35.2

4. 添加剂

磺化过程中加入少量添加剂,对反应的作用表现在以下几个方面。

(1)抑制副反应

磺化时的主要副反应是多磺化、氧化和砜的生成。在磺化反应中加适量无水硫酸钠作添加剂,硫酸钠在酸性介质中能电离产生硫酸氢根,增加了硫酸氢根的浓度,使平衡向左移动,从而抑制砜的生成。

$$ArSO_3H + 2H_2SO_4 \rightleftharpoons ArSO_2^+ + H_3^+O + 2HSO_4^-$$

$$ArSO_2^+ + ArH \rightleftharpoons ArSO_2Ar + H^+$$

(2)改变定位

在一些磺化过程中加入少量的添加剂,可以影响磺酸基引入的位置。例如蒽醌磺化时,使用发烟硫酸作磺化剂,添加汞盐后主要生成 α-蒽醌磺酸;而没有汞盐,则主要生成 β-蒽醌磺酸。

(3)提高收率

催化剂的加入有时可以降低反应温度,提高收率和加速反应。例如,当吡啶用三氧化硫或发烟硫酸磺化时,加入少量汞盐可使收率由50％提高到71％。

5. 搅拌作用

磺化反应初期,芳香族化合物与硫酸不能很好互溶以形成均相体系,而反应后期,反应混合物的粘度又变得很大。为了避免磺化剂的浓度局部过高或者因为产生局部过热而导致副反应的发生,必须充分搅拌,以提高传质和传热效率。

5.2.4　磺化方法

根据磺化剂和磺化条件不同,工业上常用的芳香族的磺化方法有以下几种:三氧化硫法、过量硫酸磺化法、共沸去水磺化法、氯磺酸磺化法、芳伯胺的烘焙磺化法等及其他方法。此外,按操作方式还可以分为:间歇磺化法和连续磺化法。

1. 三氧化硫磺化法

以三氧化硫为磺化剂,磺化反应速度快,其用量接近理论值,反应中无水生成,无大量废酸;能直接得到芳磺酸,经济合理。但此法也存在一些缺点,例如三氧化硫在常温下容易形成固态聚合体,所以使用不便。此外,三氧化硫的磺化能力强,瞬时放热量大,若不能快速有效地移去反应热,易发生多磺化、氧化、生成砜等副反应,并造成局部过热而使物料焦化。

采用三氧化硫进行芳香烃磺化的工艺有以下四种类型:

(1)气态三氧化硫磺化

纯气态三氧化硫磺化,反应的热效应大,副反应多,为了抑制副反应,改善产品质量,先用干燥的空气将 SO_3 的浓度稀释至 4%～5%,再送入膜式反应器中与被磺化物接触进行反应。此工艺具有流程短、易于控制和成品纯度高的优点,在工业上广泛应用于洗涤剂十二烷基苯磺酸钠的生产。

$$C_{12}H_{25}\text{-苯} \xrightarrow{SO_3-空气} C_{12}H_{25}\text{-苯-}SO_3H \xrightarrow{NaOH} C_{12}H_{25}\text{-苯-}SO_3Na$$

图 5-1 是目前使用较多的多管降膜式反应器,反应器与管壳式换热器类似。若干根相互平行的内径为 25.0mm 的不锈钢管垂直排列于壳体内,管长约 6m,分上下两段冷却。

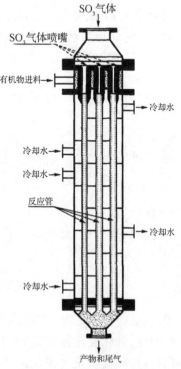

图 5-1 多管降膜式反应器

有机物料(十二烷基苯)由液体进料室进入若干个相同的环形狭缝流出,在每根反应管的内壁上形成有机液膜。SO₃/空气在管子中心快速通过,SO₃径向扩散至有机物料表面立刻发生磺化反应。降膜式反应器增大了物料的气-液表面,强化了传热,减少了物料返混。

(2)液态三氧化硫磺化

液态三氧化硫具有极强的磺化能力,主要应用于不活泼液态芳烃的磺化。此法要求生成产物芳磺酸在磺化温度下呈液态,而且粘度较小。例如间硝基苯磺酸钠的制备。

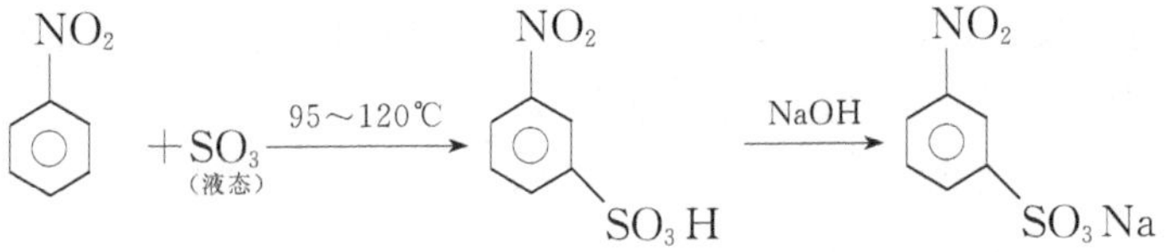

液态三氧化硫磺化法的应用受到了较大的限制,原因是液态三氧化硫是从发烟硫酸中蒸出再经冷凝后制得,成本较高。

(3)三氧化硫溶剂磺化

此法适用于被磺化物或产物为固体的磺化过程。将被磺化物溶于溶剂中,然后通入三氧化硫进行磺化反应;或将被磺化物投入已溶有三氧化硫的溶剂中进行反应,这就是三氧化硫溶剂法磺化工艺。

常用的溶剂有无机溶剂和有机溶剂两类。例如二氯甲烷、二氯乙烷、硝基甲烷、石油醚、二氧化硫和硫酸等,它们均与被磺化物混溶,并对三氧化硫具有大于25%的溶解度。溶剂的选择一般取决于被磺化物的化学活泼性和磺化工艺条件。被磺化物溶解于溶剂中后,反应物浓度变稀,反应变得温和易于控制,并且可以抑制副反应,从而得到较高的产物纯度和磺化收率,例如1,5-萘二磺酸的制备。

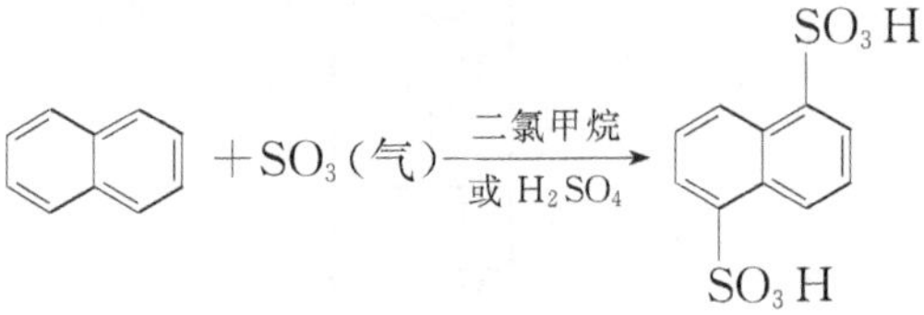

(4)三氧化硫有机络合物磺化

三氧化硫能与许多有机物生成络合物,尤其是与叔胺和醚类生成络合物。三氧化硫络合物的稳定次序如下:

$$(CH_3)_3N \cdot SO_3 > \text{〔吡啶〕}N \cdot SO_3 > R_2O \cdot SO_3 > H_2SO_4 \cdot SO_3 > SO_3 \cdot HCl$$

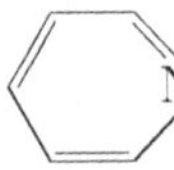

从上述次序可以看出,有机络合物的稳定性都比发烟硫酸高,即三氧化硫有机络合物的磺化活性比发烟硫酸低,磺化反应比较缓和,有利于抑制副反应的发生,适用于磺化活性大的被磺化物,得到高质量的磺化产品。一些小批量的精细化学品的合成,可以采用这一类型的磺化剂。

2.过量硫酸磺化法

用过量的硫酸或发烟硫酸进行磺化的方法称为过量硫酸磺化法。由于反应在硫酸为介质的液相中进行,在生产上也常称之为液相磺化法。因为液相磺化中生成的水逐渐将硫酸稀释,所以反应速度随之迅速降低。为了保证反应顺利进行,需用过的较多的硫酸。

本法的优点是适用范围广,而缺点是反应时间长,产生的废酸多和生产能力低。在过量硫酸磺化过程中,加料的顺序取决于被磺化物的性质、反应温度以及引入磺酸基的位置和数目。若被磺化物在反应温度下呈固态,则在反应器中先加入磺化剂,然后在低温下投入固态反应物,再逐渐升温反应;若被磺化物在反应温度下呈液态,一般先将其加入反应器中,然后在反应温度下慢慢加入磺化剂,以便减少多磺化物的生成。对于多磺化反应,常采用分段加酸法,也就是在不同的温度下,分阶段加入不同浓度的磺化剂,从而使每一个磺化阶段都能在最合适的磺化剂浓度和反应温度条件下,将磺酸基引入所期望的位置,而且能节约用酸。例如,由萘制备 1,3,6-萘三磺酸。

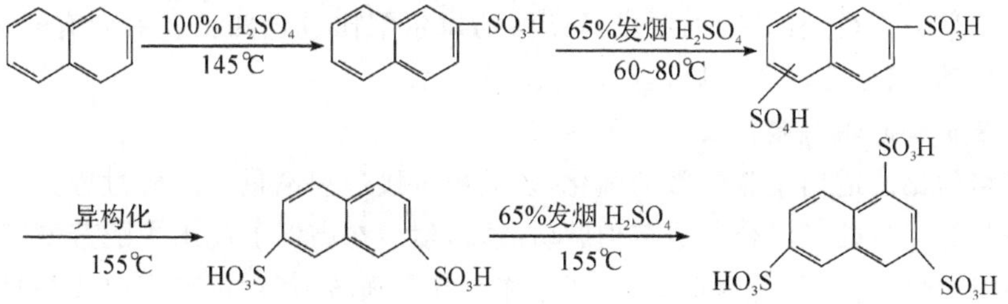

3.共沸去水磺化法

为了克服过量硫酸磺化法存在的缺点,工业上常采用共沸去磺化法,也称为气相磺化法。即用过量的过热芳烃蒸气通入较高温度的浓硫酸中进行磺化,利用共沸原理由过量的未反应的芳烃蒸气带走反应生成的水,从而使磺化剂硫酸保持较高的浓度并得到充分的利用。馏出的芳烃蒸气和水蒸气冷凝分离后,芳烃可以回收后循环使用。此磺化方法适用于低沸点易挥发的苯和甲苯等芳烃的磺化,所用硫酸的浓度不宜过高,一般为 92％～93％。否则,起始的反应速度过快,温度较难控制,容易生成多磺酸和砜类副产物。

4.氯磺酸磺化法

氯磺酸的磺化能力仅次于三氧化硫,比硫酸强,是一种强磺化剂。它遇到水立即水解为硫酸和氯化氢,并且大量放热。若氯磺酸突然加水,会引起爆炸。因此,使用本法磺化时,原料、溶剂和反应器均须干燥无水。

$$ClSO_3H + H_2O \longrightarrow H_2SO_4 + HCl\uparrow$$

氯磺酸与有机物在适宜的条件下几乎可以进行定量磺化反应,具有条件温和、操作简便、产品较纯、几乎无废酸等优点,而且副产品的氯化氢用水吸收还可制成盐酸。根据用量不同,可制得芳磺酸或芳磺酰氯。但其价格较贵,限制了应用范围。

通常的磺化过程是将有机物慢慢加入到氯磺酸中,反过来加料会产生较多的砜副产物。对于固态被磺化物,有时需使用有机溶剂作为介质,常用的溶剂为硝基苯、邻硝基乙苯、邻二氯苯、二氯乙烷、四氯乙烯等。如果采用等摩尔或稍过量氯磺酸磺化,得到的产物是芳磺酸。例如:

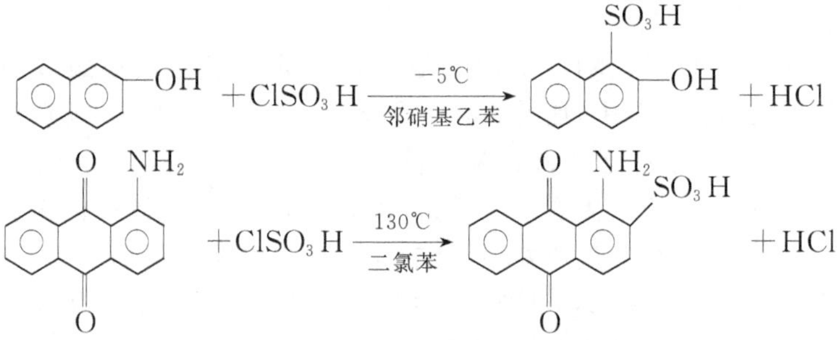

如果用过量很多的氯磺酸磺化,得到的产物则是芳磺酰氯。

$$ArH + ClSO_3H \longrightarrow ArSO_3H + HCl \uparrow$$

$$ArSO_3H + ClSO_3H \rightleftharpoons ArSO_2Cl + H_2SO_4$$

后一反应是可逆的,因而要求氯磺酸的摩尔配比过量四倍左右。有时加入适量的氯化钠、氯化亚砜等可以提高此反应的收率。

5.芳伯胺的烘焙磺化法

烘焙磺化法适用于芳伯胺的磺化,硫酸用量接近理论量。反应过程为:首先将芳伯胺与等摩尔硫酸混合制成芳伯胺硫酸盐,然后在高温下脱水生成芳氨基磺酸,再经高温烘焙,进行分子内重排,主要生成氨基芳磺酸;若对位存在取代基时,则磺酸基进入氨基的邻位。以苯胺的磺化为例,产物为对氨基苯磺酸。

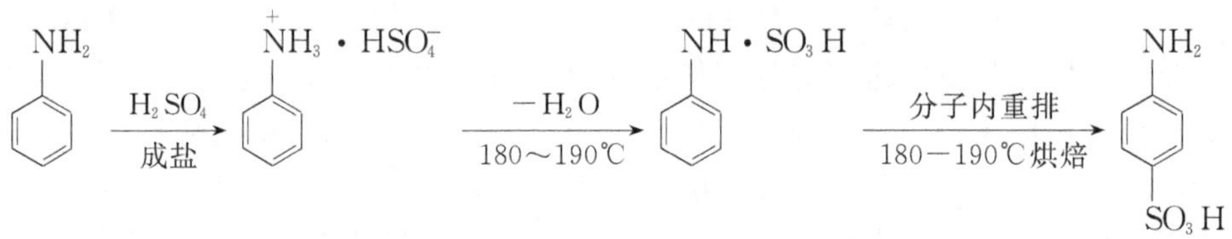

用本法可制得下列氨基芳磺酸:

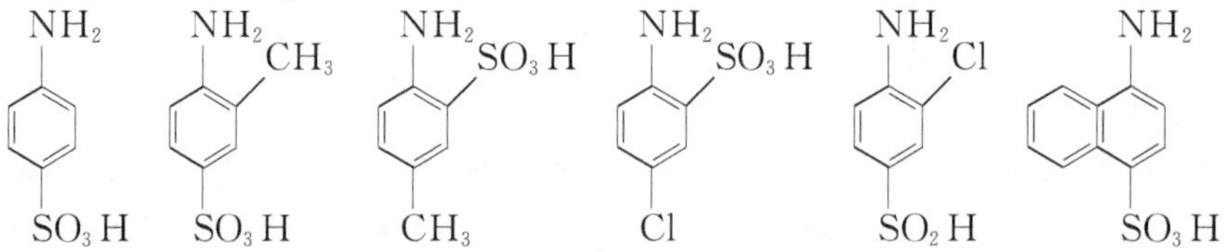

由于在高温下反应,为了防止反应物的氧化和焦化,环上带有羟基、甲氧基、硝基或多卤基等的芳伯胺不宜用此法磺化,而要用过量硫酸磺化法。

6.亚硫酸盐置换磺化法

不经过上述亲电取代的磺化途径,而利用亲核置换芳环已有取代基的方法也可以将磺酸基引入芳环,从而合成某些难以由亲电取代得到的芳磺酸。以亚硫酸

盐为磺化剂,对氯基、硝基进行置换磺化反应已在工业上得到应用。例如:

$$2\text{(氯二硝基苯)} + 2\text{NaHSO}_3 + \text{MgO} \xrightarrow[\text{水介质}]{60-65℃} 2\text{(磺酸钠二硝基苯)} + \text{MgCl}_2 + \text{H}_2\text{O}$$

$$\text{(硝基蒽醌)} + 2\text{Na}_2\text{SO}_3 \xrightarrow{100\sim102℃} \text{(磺酸钠蒽醌)} + \text{NaNO}_2$$

7. 磺化产物的分离方法

磺化产物的后处理有两种情况。一种是磺化后不分离出磺酸,接着进行硝化和氯化等反应。另一种是需要分离可以得到磺酸或磺酸盐,再加以利用。磺化物的分离可以利用磺酸或磺酸盐溶解度的不同来完成,分离方法主要有以下几种。

(1)稀释析出法

某些芳磺酸在 50%～80% 硫酸中的溶解度很小,磺化结束后,将磺化液加入水适当稀释,磺酸即可析出。例如十二烷基苯磺酸,1,5-蒽醌二磺酸等可用此法分离。

(2)直接盐析法

利用磺酸盐的不同溶解度向稀释后的磺化物中直接加入食盐、氯化钾或硫酸钠,可以使某些磺酸析出,其反应式如下:

$$\text{Ar—SO}_3\text{H} + \text{KCl} \rightleftharpoons \text{ArSO}_3\text{K} \downarrow + \text{HCl} \uparrow$$

也可以分离不同异构磺酸,例如,2-萘酚-6,8-二磺酸(G 酸)时,向稀释的磺化物中加入氯化钾溶液,G 酸即以钾盐的形式析出,称为 G 盐。过滤后的母液中再加入食盐,副产的 2-萘酚-3,6-二磺酸(R 酸)即以钠盐的形式析出,称为 R 盐。有时也有加入氨水,使其以铵盐形式析出。

(3)中和盐析法

为了减少母液对设备的腐蚀性,常常采用中和盐析法。稀释后的磺化物用氢氧化钠、碳酸钠、亚硫酸钠、氨水或氧化镁进行中和,利用中和时生成的硫酸钠、硫酸镁可使磺酸以钠盐、铵盐或镁盐的形式析出来。例如在用磺化-碱熔法制 2-萘酚时,可以利用碱熔过程中生成的亚硫酸钠来中和磺化物,中和时产生的二氧化硫气体又可用于碱熔物的酸化:

$$2\text{ArSO}_3\text{H} + \text{Na}_2\text{SO}_3 \xrightarrow{\text{中和}} 2\text{ArSO}_3\text{Na} + \text{H}_2\text{O} + \text{SO}_2 \uparrow$$

$$2\text{ArSO}_3\text{Na} + 4\text{NaOH} \xrightarrow{\text{碱熔}} 2\text{ArONa} + 2\text{Na}_2\text{SO}_3 + 2\text{H}_2\text{O}$$

$$2\text{ArONa} + \text{SO}_2 + \text{H}_2\text{O} \xrightarrow{\text{酸化}} 2\text{ArOH} + \text{Na}_2\text{SO}_3$$

从总的物料平衡看,此法可节省大量的酸碱。

(4)脱硫酸钙法

为了减少磺酸盐中的无机盐,某些磺酸,特别是多磺酸,不能用盐析将它们很好地分离出来,这时需要采用脱硫酸钙法,磺化物在稀释后用氢氧化钙的悬浮液进行中和,生成的磺酸钙能溶于水,用过滤法除去硫酸钙沉淀后,得到不含无机盐的磺酸钙溶液。将此溶液再用碳酸钠溶液处理,使磺酸钙盐转变为钠盐:

$$(ArSO_3)_2Ca + Na_2CO_3 \longrightarrow 2ArSO_3Na + CaCO_3 \downarrow$$

再过滤除去碳酸钙沉淀,就得到不含无机盐的磺酸钠盐溶液。它可以直接用于下一步反应,或是蒸发浓缩成磺酸钠盐固体。

脱硫酸钙法操作复杂,还有大量硫酸钙滤饼需要处理,因此在生产上尽量避免采用。

(5)萃取分离法

除了上述四种方法以外,为了减少三废,提出了萃取分离法。例如将萘高温一磺化、稀释水解除去 1-萘磺酸后的溶液,用叔胺(例如 N,N-二苄基十二胺)的甲苯溶液萃取,叔胺与 2-萘磺酸形成络合物被萃取到甲苯层中,分出有机层,用碱液中和,磺酸即转入水层,蒸发至干即得到 2-萘磺酸钠,纯度可达 86.8%。叔胺和甲苯可回收再用。

5.2.5 脂肪醇的硫酸化

脂肪醇的硫酸化生成的脂肪醇硫酸酯,经中和得到的硫酸盐的通式为 $ROSO_3^- M^+$,其中 R 为烷基;M^+ 可为碱金属离子,如 Na^+、K^+ 或 NH_4^+ 等。其结构中亲油基和亲水基间以 C-O-S 键相连,与磺酸盐相比,在 C-S 键中间多了一个氧原子,这就导致它较易水解,尤其是在酸性介质中。因此,其应用范围受到某些限制,在合成和使用中应予注意。

$C_{12} \sim C_{14}$ 脂肪醇是制取脂肪醇硫酸盐的理想原料。这种产品的溶解性、泡沫性和去污性能均较合适,使用性能较好,是香波、合成香皂、浴用品、剃须膏等盥洗卫生用品中的重要组分,也是轻垢洗涤剂、重垢洗涤剂、地毯清洗剂、硬表面清洁剂等洗涤品配方中的重要组分。

脂肪醇所用的硫酸化剂主要有 SO_3、浓硫酸、发烟硫酸、氯磺酸和氨基磺酸等,脂肪醇与各硫酸化剂间的反应式如下:

$$ROH + SO_3 \longrightarrow ROSO_3H$$
$$ROH + ClSO_3H \longrightarrow ROSO_3H + HCl \uparrow$$
$$ROH + NH_2SO_3H \longrightarrow ROSO_3NH_4$$
$$ROH + H_2SO_4 \rightleftharpoons ROSO_3H + H_2O$$
$$ROH + H_2SO_4 \cdot SO_3 \rightleftharpoons ROSO_3H + H_2SO_4$$

5.3　相关项目拓展

5.3.1　十二烷基苯磺酸钠的制备

十二烷基苯磺酸钠是一种阴离子表面活性剂,是我国合成洗涤剂活性物的主要品种。该物质去污力强,泡沫力和泡沫稳定性好,它在酸性、碱性溶液中稳定性好,是优良的洗涤剂和泡沫剂。其原料来源充足,成本低,制造工艺成熟。作为洗涤剂配方的表面活性物易喷雾干燥成型,是洗衣粉的必要成分。它在纺织、印染行业用作脱脂剂、柔软剂、匀染剂等。

1.基本原理

十二烷基苯磺酸钠的合成可采用浓硫酸、发烟硫酸和三氧化硫等磺化剂对十二烷基苯进行磺化生产制备,本实验以发烟硫酸为磺化剂,磺化产物用氢氧化钠中和,反应方程式如下:

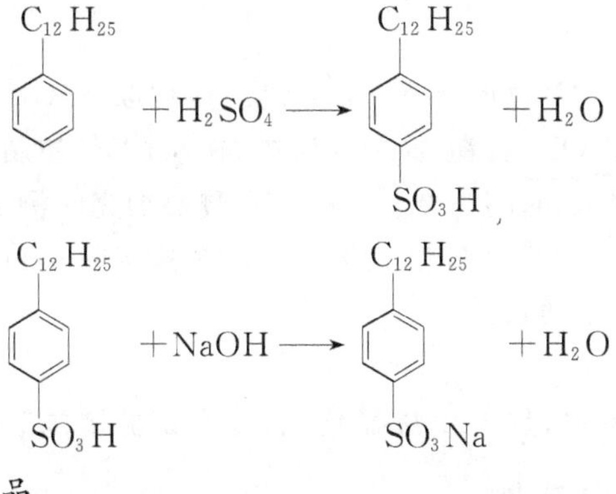

2.主要仪器与药品

多功能电动搅拌器、水浴锅、250mL 三口烧瓶、100mL 量筒、150mL 锥形瓶、100mL/500mL 烧杯、滴液漏斗、250mL 分液漏斗、50mL 碱式滴定管、100℃温度计。

pH 试纸、酚酞指示剂、NaOH 固体、10% NaOH 溶液、0.1mol·L^{-1} NaOH 溶液、十二烷基苯、发烟硫酸。

3.操作步骤

(1)备料

称取 50g 十二烷基苯转移到干燥的预先称重的三口烧瓶中。称取 58g 发烟硫酸装入滴液漏斗中。

(2)磺化

安装实验装置,在搅拌下将发烟硫酸逐滴加入十二烷基苯中,加料时间约 1h。控制反应温度低于 30℃,加料结束后停止搅拌,静置 30min,反应结束后记下混酸的质量。

（3）分酸

在原实验装置中，按混酸：水＝85：15（质量比）计算所需加水量，并通过滴液漏斗在搅拌下将水逐滴加到混酸中，温度控制在 45～50℃，加料时间为 0.5～1h。反应结束后将混酸转移到预先称重的分液漏斗中，静置 30min，分去废酸（待用），称重，记录。

（4）中和值测定

中和值即 1g 磺酸用氢氧化钠中和所需的氢氧化钠的毫克数，在生产中常常用它来控制磺化终点，中和值的测定原理与一般中和反应相同。

测定方法：称取 0.2～0.3g 左右的磺酸于 150mL 锥形瓶中（瓶中先放有少量蒸馏水），加入蒸馏水 50mL，以酚酞作指示剂，用 0.1mol·L^{-1}NaOH 溶液滴加到微红色。计算中和值。

计算：

中和值$=c_{NaOH} \cdot 40V/m$

式中，c_{NaOH} 为 NaOH 溶液的浓度（mol/L）；V 为耗用的 NaOH 溶液的体积（mL）；m 为样品的质量（g）。

（5）中和

按中和值计算出中和磺酸所需 NaOH 质量，称取 NaOH，并用 500mL 烧杯配成 10％（质量分数）NaOH 溶液，置于水浴中，在搅拌下，控制温度 35～40℃，用滴液漏斗将磺酸缓慢加入，时间为 0.5～1h。当酸快加完时测定体系的 pH，控制反应终点的 pH 为 7～8（可用废酸和 10％NaOH 溶液调节 pH）。反应结束后称量所得十二烷基苯磺酸钠的质量。

（6）盐析

于上述反应体系中，加入少量氯化钠，渗圈试验清晰后过滤，得到白色膏状产品。

4.操作要点与注意事项

（1）注意发烟硫酸、磺酸、氢氧化钠、废酸的腐蚀性，切勿溅到衣物上。

（2）磺化反应为剧烈放热反应，需要严格控制加料速度和反应温度。

（3）分酸时应控制加料速度和温度，搅拌充分，防止结块。

5.思考题

（1）分酸时如何确定混酸与水的比例？

（2）中和时温度为什么要控制在 35～40℃？

5.3.2　2-萘磺酸的生产实例

1.概况

2-萘磺酸钠盐是白或灰白色结晶，易溶于水，主要用途是制取 2-萘酚。还可磺化生产萘二磺酸，以及萘三磺酸；硝化可制得硝基萘磺酸；以及制备染料中间体克氏酸;将 2-萘磺酸与甲醛缩合,可制得润湿剂、分散剂等。

2. 生产原理与工艺

2-萘磺酸的生产以萘为原料,采用过量硫酸磺化法,生产包括磺化、水解-吹萘和中和-盐析等操作。

(1)生产原理与工艺流程

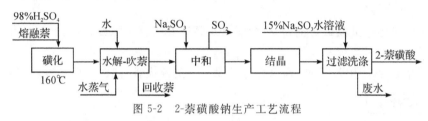

2-萘磺酸钠的生产工艺如图 5-2 所示。

```
98%H₂SO₄
熔融萘          水        Na₂SO₃   SO₂      15%Na₂SO₃水溶液
  │            │          │                     │
  ▼            ▼          ▼                     ▼
┌──────┐  ┌────────┐  ┌──────┐  ┌──────┐  ┌────────┐  2-萘磺酸
│ 磺化 │─▶│水解-吹萘│─▶│ 中和 │─▶│ 结晶 │─▶│过滤洗涤│─────▶
└──────┘  └────────┘  └──────┘  └──────┘  └────────┘
 160℃     水蒸气  回收萘                        废水
```

图 5-2 2-萘磺酸钠生产工艺流程

(2)主要设备

熔融釜、磺化反应釜、贮槽、中和釜、水解釜、结晶槽、真空精馏塔、产品贮罐

(3)操作工艺

①磺化

将熔融精萘加到带有锚式搅拌和夹套的磺化釜,开启夹套加热蒸汽,加热至 140℃停止加热,然后缓慢滴加定量的 98% 硫酸,萘与硫酸的摩尔比为 1：1.09。由于反应放热,釜温自动升至 160℃ 左右,在此温度下保温 2h。取样分析测定磺化液总酸度。酸度达 25%～27%,2-萘磺酸含量为 67.5%～69.5% 时,即达到磺化终点,停止反应。保温过程中部分萘随水蒸气逸出,用热水捕集回收。

②水解-吹萘

将 1-萘磺酸水解成萘并回收未磺化的萘。磺化完毕将磺化液送至水解釜,加少量水稀释,在 140～150℃,通入水蒸气水解:

$$\underset{}{\text{萘—SO}_3\text{H}} + H_2O(\text{气}) \underset{}{\overset{H_2SO_4}{\rightleftharpoons}} \text{萘} + H_2SO_4$$

1-萘磺酸大部分水解,萘随水蒸气蒸出,回收后循环使用。

③中和-盐析

中和釜中加入磺化水解液,在 120℃ 及负压下,慢慢加入热亚硫酸钠溶液(2-萘磺酸碱熔副产物),中和 2-萘磺酸和过量的硫酸。

$$2\,\underset{}{\text{萘—SO}_3\text{H}} + Na_2SO_3 \longrightarrow 2\,\underset{}{\text{萘—SO}_3\text{Na}} + H_2O + SO_2\uparrow$$

$$H_2SO_4 + Na_2SO_3 \longrightarrow Na_2SO_4 + H_2O + SO_2 \uparrow$$

利用负压引出中和产生的 SO_2 气体,用丁 2 萘酚钠的酸化。

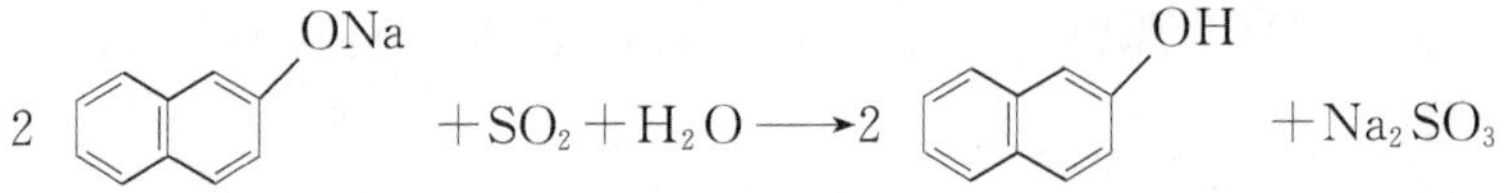

2 [结构式] + SO_2 + H_2O → 2 [结构式] + Na_2SO_3

中和液缓慢冷却至 32℃左右,2-萘磺酸钠盐结晶析出,离心过滤,滤饼用 15%的亚硫酸钠水溶液洗涤,除去滤饼中的硫酸钠,甩干,湿滤饼作碱熔原料制备萘酚。

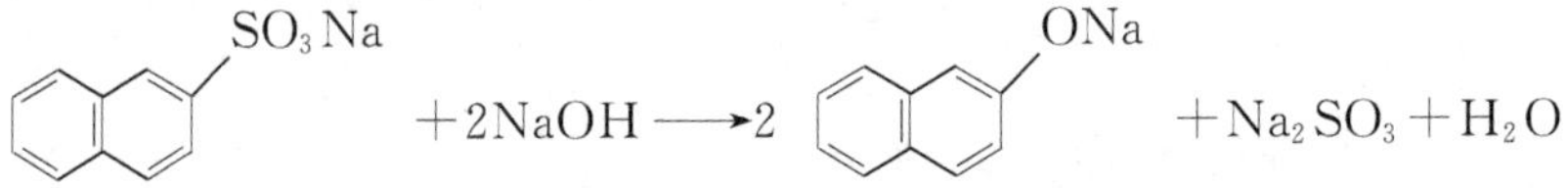

[结构式] + 2NaOH → 2 [结构式] + Na_2SO_3 + H_2O

(4)安全措施

建议操作人员佩戴防尘面具(全面罩),穿连衣式胶布防毒衣,戴橡胶手套。使用防爆型的通风系统和设备。

产品储存于阴凉、干燥、通风良好的库房。远离火种、热源。保持容器密封。

知识考核

1.什么是磺化和硫酸化?

2.引入磺基的作用体现在哪几个方面?

3.常见磺化剂有哪些品种?

4.以浓硫酸为磺化剂时,磺化速率与水的浓度呈何种关系?

5.芳香族磺化有哪些影响因素?

6.根据磺化剂和磺化条件,芳香族的磺化有哪几种方法?

7.磺化过程中,加入少量添加剂起到哪些作用?

8.间二甲苯用浓硫酸一磺化,在 150℃下长时间反应,主要产物是什么?

9.叙述三氧化硫磺化法的优缺点。

10.简述共沸去水磺化法。

11.叙述膜式反应器的结构特点。

6 硝化反应及工艺

以 2,5-二氯硝基苯制备为教学项目载体，了解一般硝化反应的原理并掌握操作方法，能够处理制备过程中的异常情况并分析制备结果，从而认识硝化单元反应的定义、分类和常见重要的硝化剂，能够分析硝化反应的主要影响因素，并能绘制和掌握常见重要硝基化合物工业生产基本流程。通过硝化单元反应学习，培养学生谨慎作风与安全意识。

6.1 教学项目设计——对二氯硝基苯的制备

项目背景

2010 年，中国染料产量接近 100 万吨（含有机颜料），占世界染料产量的 60%，生产品种达到 2000 多个，成为染料生产大国。其主要品种类别主要集中在分散染料、蒽醌染料、靛族染料、硫化染料等等。

染料中间体，泛指用于生产染料和有机颜料的各种芳烃衍生物。品种很多，较重要的就有几百种，如硝基苯、苯胺、邻硝基氯苯、对硝基氯苯、邻硝基甲苯、对硝基甲苯、2-萘酚、蒽醌、1-氨基蒽氯苯和邻苯二甲酸酐等，因用途广、用量大，已发展为重要的基本有机中间体，世界年产量都在百万吨以上。2,5-二氯硝基苯是制备冰染染料、大红色基 GG(2,5-二氯苯胺)、红色基 3GL、红色基 RC 等的重要染料中间体。

2,5-二氯硝基苯也称为对二氯硝基苯

英文名称：2,5-Dichlornitrobenzen

分子式：$C_6H_3Cl_2NO_2$

分子量：192

外观：白色至浅黄色结晶体。

熔点：56℃

沸点：267℃

相对密度(20/4℃)：1.4390

折光率(20℃)：1.4468

溶解性:不溶于水,溶于氯仿、热乙醇、乙醚、二硫化碳和苯。

安徽海华科技股份有限公司是专门从事医药、农药、食品添加剂、日用化学品等中间体生产的技、工、贸为一体的大型化工企业,其中二氯硝基苯类化合物的产能在万吨级以上,硝基苯类的化合物生产现有工艺基本采用以苯基为主体进行相应的硝化反应进行生产。

6.1.1 任务一:认识制备 2,5-二氯硝基苯的原理

活动一、检索交流

通过书籍或网络查找 2,5-二氯硝基苯的理化性质、用途、各种制备方法、原理、发展需求等(包括文字、图片和视频等,相互交流),填写相关记录表 6-1。

表 6-1 2,5-二氯硝基苯的基本情况

项目	内容	信息来源
2,5-二氯硝基苯的理化性质		
2,5-二氯硝基苯的用途		
2,5-二氯硝基苯的制备方法原理		
国内外 2,5-二氯硝基苯生产情况、市场价格		
国内外 2,5-二氯硝基苯工业发展		

2,5-二氯硝基苯合成方法主要采用硝化法,以对二氯苯为原料,用混酸硝化,粗品再经中和、分离、洗涤、脱水而得。反应原理参考如下:

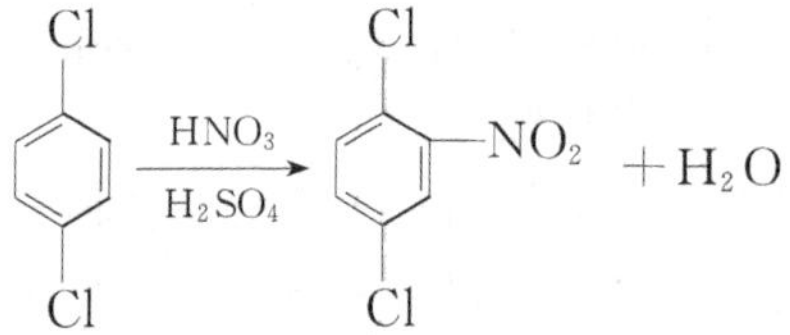

活动二、收集数据

根据制备原理,确定主要原料。通过有关化学品安全技术说明书(MSDS)查找原料及产品的安全、健康和环境保护方面的各种信息,查找相关原料化合物的分子量、熔点、沸点、密度、溶解性和毒性等物理性质,制成表格 6-2 并相互交流。

表 6-2 主要原料及产品的物理常数

药品名称	分子量	熔点(℃)	沸点(℃)	密度	水溶解度 (g/100mL)	用量
对二氯苯						14.7g
浓硫酸						13.0g(92.5%)
硝酸						7.6(95%)
其他药品	饱和碳酸钠溶液、无水氯化钙、蒸馏水					

6.1.2　任务二:设计 2,5-二氯硝基苯制备过程

活动一、选择反应装置

参考图例,设计画出仪器设备装置图,选择适宜的仪器设备并搭建装置。

仪器设备规格选择详见表 6-3 所示。

表 6-3　仪器设备规格与数量

仪器设备名称	规格型号	数量
搅拌器		
三口烧瓶		
回流冷凝管		
温度计		
恒压滴液漏斗		
烧杯		
抽滤瓶		
布氏漏斗		
循环水真空泵		

图 6-1　2,5-二氯硝基苯制备装置

活动二、列出操作步骤

仔细阅读与研究下列实验过程,在预习报告中详细列出操作步骤。

1. 溶解原料

在一个有搅拌器、温度计、滴液漏斗装置的 250mL 三口烧瓶内,加入 0.1mol (14.7g)研碎的对二氯苯[1],将 0.124mol(13.0g)浓度为 92.5% 硫酸慢慢加入[2],外用水浴加温,逐渐升至 70℃使之全部熔化,开动搅拌器搅拌,降温到 55℃。

2. 硝化

由滴液漏斗滴入 0.115mol(7.6g)浓度为 95% 硝酸,均匀滴加硝酸,同时严格

控制反应温度在 $60\sim65℃^{[3]}$,滴完硝酸后保持 $65\sim70℃^{[4]}$继续搅拌反应 1.5h。

3.分酸

反应完成后将反应物倒入烧杯[5],分去酸液,冷却,结晶,冷水洗、热水洗,

4.中和

加入少量饱和碳酸钠溶液洗至中性,冷水洗。

5.过滤干燥

用布氏漏斗过滤,晶体在室温下干燥即为成品。

6.1.3　任务三:制备 2,5-二氯硝基苯

活动一、合成制备

根据实验步骤操作完成产品合成,同时观察记录产品生产过程中的现象,注意异常状况及时处理,记录有关数据。

操作要点与异常处理:

(1)反应原料需经过纯化,以除去易氧化组分。

(2)浓硫酸和硝酸具有强腐蚀性,应避免触及皮肤或衣物。

(3)严格控制加料速度、控制温度和酸的配比,应有温度计测量内温,并保证充分的搅拌和冷却条件,严防因温度猛升而造成的冲料或爆炸。

(4)反应温度不宜过高,否则将增加副产物二硝基产物的生成。

(5)后处理不可加水注入反应液中,混酸遇水会发生危险。

活动二、分析测定

1.测定产物的熔点

具体操作流程略。

2.硝化产物的分析测定

(1)硝化过程的分析控制

在混酸硝化过程中,主要是控制酸层中硝酸的含量。常用的方法是取一定量的废酸,在 15℃ 以下的过量硫酸中用 $0.05mol\cdot L^{-1}$ 的 $FeSO_4$ 标准溶液滴定。当硝酸全部还原成亚硝酸时,生成红棕色的三价铁的亚硝酰络合物即为终点。其反应如下:

$$2FeSO_4+HNO_3+H_2SO_4 \longrightarrow Fe_2(SO_4)_3+HNO_2+H_2O$$

$$HNO_2+H_2SO_4 \longrightarrow ONOSO_3H+H_2O$$

$$2FeSO_4+2ONOSO_3H \longrightarrow Fe_2(SO_4)_3 \cdot 2NO+H_2SO_4$$

此法准确度较低,但简便快捷,适用于连续硝化的生产控制。测定硝化产物的凝固点,也是目前生产上较常用的控制方法。

（2）硝化产物的分析鉴定

对硝基化合物经典的定量分析方法是以二氯化锡或三氯化钛的标准溶液作为还原剂，对硝基化合物进行还原滴定，分别按以下反应式的定量关系计算出硝基的含量：

$$ArNO_2 + 3SnCl_2 + 6HCl \longrightarrow ArNH_2 + 3SnCl_4 + 2H_2O$$
$$ArNO_2 + 6TiCl_3 + 6HCl \longrightarrow ArNH_2 + 6TiCl_4 + 2H_2O$$

另一种常用的定量分析方法是使用过量的锌粉，在酸性介质中将硝基还原成氨基，然后用重氮化滴定氨基的含量，从而计算出硝基的含量。

活动三、展示产品

自行设计记录表。记录产品的外观、性状，设计制作产品标签，称出实际产量，计算收率，产品装瓶展示。

点评与思考

（1）影响硝化反应的因素有哪些？
（2）本实验要注意哪些安全问题？
（3）硝化废液如何处理？

6.2　硝化反应知识学习

向有机化合物分子中引入硝基的反应称为硝化反应。以芳环或芳杂环上氢原子被取代为主制备硝基化合物，少数情况下硝基也可取代卤基、磺基、酰基和羧基等基团而生成硝化产物。

有机物中引入硝基的目的可归纳为以下几个方面：

（1）硝基还原可制备氨基化合物。

（2）引入硝基可促进芳环上其他取代基活化，以利于其进一步反应，有时硝基本身也可作为离去基团而被置换。

（3）给予化学品特定性能，如加深染料的颜色、产生特殊香气、改善药理作用。

硝化反应有如下的特点：

（1）在硝化反应的条件下，反应是不可逆的。

（2）硝化反应速度快，是强放热反应，其放热量约为 126kJ/mol。

（3）在多数场合下，反应物与硝化剂是不能完全互溶的，常常分为有机层和酸层。

硝基化合物及其还原产物是有机合成的重要原料，如芳香族硝基化合物是制备芳香胺、重氮盐等的原料；有一些多硝基化合物具有极强的香味，可以制备人造麝香，硝基麝香已占人造麝香的 50% 左右；此外硝基化合物在炸药、医药、溶剂、农药等许多化工领域中均有着广泛的应用。

6.2.1 硝化反应原理

1. 硝化反应历程

最重要的硝化反应是用硝酸作硝化剂向芳环或芳杂环中引入硝基。以苯为例：

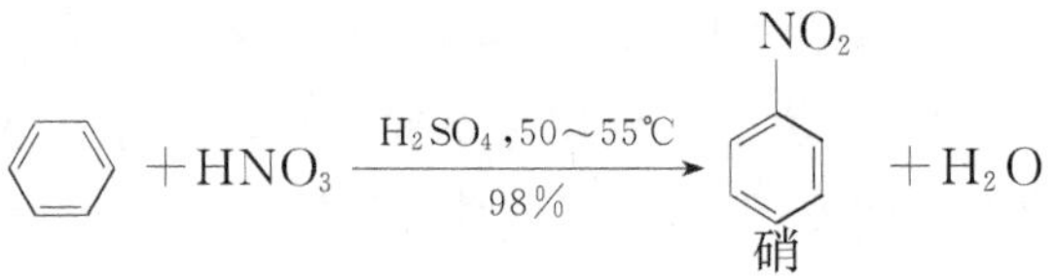

$$\text{苯} + HNO_3 \xrightarrow[98\%]{H_2SO_4,\,50\sim55℃} \text{硝基苯} + H_2O$$

其硝化反应历程符合芳环上亲电取代反应的一般规律。

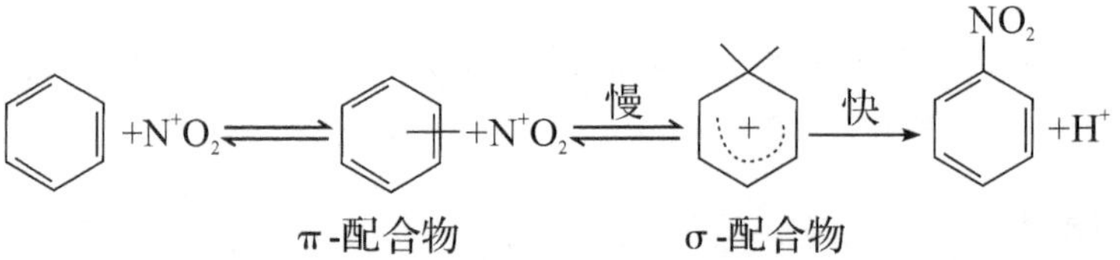

π-配合物　　　σ-配合物

首先是有硝化剂产生的活性质点 N^+O_2 向芳环进攻生成 π 络合物，然后转变成 σ 络合物，最后脱除质子得到硝化产物。

2. 活性质点

工业上常见的硝化剂有混酸、硝酸、硝酸与醋酸或醋酸酐的混合物。通常硝基正离子（N^+O_2）被认为是参与硝化反应的活性质点，它是由硝化剂离解而得到的。硝化剂离解能力越大（即产生 N^+O_2 的能力越大），则硝化能力越强。

无水硝酸作硝化剂时，存在如下平衡：

$$2HNO_3 \rightleftharpoons H_2NO_3^+ + NO_3^-$$

$$H_2NO_3^+ \rightleftharpoons H_2O + N^+O_2$$

其中 N^+O_2 离子的重量百分比只有 1%，未离解的硝酸为 97%，NO_3^- 约 1.5%，H_2O 约 0.5%。若把少量硝酸溶于硫酸中（即混酸作硝化剂时），将发生如下反应：

$$HNO_3 + 2H_2SO_4 \rightleftharpoons NO_2^+ + H_3^+O + 2HSO_4^-$$

在混酸中硫酸浓度增高，有利于 N^+O_2 的离解。硫酸浓度在 $75\%\sim85\%$ 时，N^+O_2 离子浓度较低，当硫酸的浓度增高至 89% 或更高时，硝酸全部离解为 N^+O_2 离子，从而使硝化能力增强，参见表 6-4。

表 6-4　由硝酸和硫酸配制成的混酸中 N^+O_2 的含量

混酸中硝酸浓度（%）	5	10	15	20	40	60	80	100
转化成 N^+O_2 的硝酸浓度（%）	100	100	80	62.5	28.8	16.7	9.8	1.0

硝酸、硫酸和水的三元体系作硝化剂时，其 N^+O_2 含量可用一个三角坐标图来表示，如图 6-2 所示。

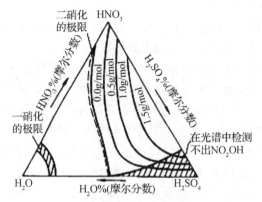

图 6-2 硝酸、硫酸和水三元系统中 N^+O_2 的浓度

由图可见,随着混酸中水的含量增加,N^+O_2 的浓度逐渐下降,代表 N^+O_2 可测出极限的曲线与可发生硝化反应所需混酸组成极限的曲线基本重合。

除 N^+O_2 正离子是主要的硝化活性质点外,还有 $H_2NO_3^+$ 也是有效的活性质点。稀硝酸硝化时还可能有 N^+O、N_2O_4 或 NO_2 作为活性质点。

3. 硝化反应动力学

(1)均相硝化

均相硝化是被硝化物与硝化剂、反应介质互溶为均相的硝化,均相硝化无相与相之间物质传递问题。

均相硝化反应芳烃的硝化与所使用的溶剂关系非常紧密。芳烃在硝酸中发生硝化反应时,硝酸既是硝化剂,又是溶剂,当硝酸过量时,其浓度在硝化过程中可视为常数,其动力学方程表现为一级反应:

$$r = k[ArH]$$

在有硫酸存在下的硝化反应中,加入的硫酸量较少时,硝化反应仍可视为一级反应,但硝化反应速度明显提高。当加入硫酸量足够大时硫酸起到溶剂作用,而硝酸仅作为硝化剂,此时表现为二级反应:

$$r = k[ArH][HNO_3]$$

式中,k 是表观反应速率常数,其值大小与硫酸的浓度密切相关。当硫酸浓度到达 90% 时,k 值最大。表 6-5 列出了一些有机物在不同硫酸浓度下的硝化速率常数。

表 6-5　25℃时在不同浓度硫酸中的硝化速度常数

被作用物	90%硫酸中 k	100%硫酸中 k	$k(90\%)/k(100\%)$
芳基三甲基铵盐	2.08	0.55	3.8
对氯苯基三甲基铵盐	0.333	0.084	4
对硝基氯苯	0.432	0.057	7.6
硝基苯	3.22	0.37	8.7
蒽醌	0.148	0.0053	47

(2)非均相硝化

被硝化物与硝化剂、反应介质不互溶呈现两相,酸相和有机相(油相),构成液液非均相硝化系统,例如,苯或甲苯用混酸的硝化。

非均相硝化除受化学反应规律影响外,还受传质规律的影响。非均相硝化反应主要是在两相的界面处或酸相中进行,在有机相中的反应极少(<0.001%),可以忽略。通过对苯、甲苯和氯苯等芳烃类在不同条件下进行非均相硝化反应动力学的研究,认为可将非均相硝化反应分为三种类型:缓慢型、快速型和瞬间型。

缓慢型,也称动力学型。化学反应的速度是整个反应的控制阶段,硝化反应主要发生在酸相中。其反应速率与酸相中芳烃的浓度和硝酸的浓度成正比。甲苯在62.4%~66.6%的H_2SO_4中的硝化属于这种类型。

快速型,也称慢速传质型。其特征是反应主要在酸膜中或两相的边界层上进行,此时,芳烃向酸膜中的扩散速度成为整个硝化反应过程的控制阶段,即反应速度受传质控制。其反应速率与酸相容积的交换面积、扩散系数和酸相中芳烃的浓度成正比。甲苯在66.6%~71.6%的H_2SO_4中硝化属于这种类型。

瞬间型,亦称快速传质型。其特征是反应速度快,以至于使处于液相中的反应物不能在同一区域共存,即反应在两相界面上发生。甲苯在71.6%~77.4%的H_2SO_4中硝化时属于这种类型,其反应总速率与传质速度和化学反应速度都有关系。

图6-3是根据动力学实验数据按甲苯硝化的初始反应速度对lgk作图得到的曲线。

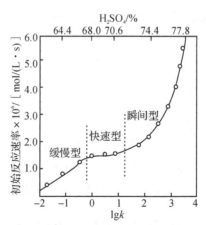

图6-3　在25℃、2500r/min时甲苯硝化的初始反应速度与lgk的变化关系

随着硝化过程中硫酸浓度不断被生成的水稀释,硫酸浓度不断降低,因而对于每一个硝化过程来说,不同的硝化阶段可归属于不同的动力学类型。例如,甲苯混酸硝化生产一硝基甲苯采用多釜串联操作时,第一硝化釜酸相中的硫酸、硝酸浓度

都比较高,反应受传质控制,以瞬间型为主;而在第二釜中,由于硫酸浓度降低,硝酸含量减少,反应速率受动力学控制,以缓慢型为主。一般来说,芳烃在酸相中的溶解度越大,反应速率受动力学控制的可能性越大。

6.2.2 硝化反应影响因素

芳烃的硝化反应与被硝化物的性质、硝化剂的种类、反应温度、介质的性质、副反应的发生等都有关系,对于非均相硝化反应,搅拌的影响也不容忽视。

1. 被硝化物

被硝化物性质对硝化方法的选择、反应速率以及产物组成,都有显著影响。芳环上有给电子基团时,硝化速率较快,硝化产品常以邻、对位产物为主;芳环上具有吸电子基团,硝化速率较慢,产品以间位异构体为主。卤基使芳环钝化,但所得产品是以邻、对位异构体为主。

萘的 α 位比 β 位活泼,萘的一硝化主要得到 α 硝基萘。蒽醌的羰基使苯环钝化,故蒽醌硝化比苯难,硝基主要进入蒽醌的 α 位,少部分进入 β 位,并有二硝化产物。故制取高纯度、高收率的 α-硝基蒽醌,比较困难。

硝化反应同时也受取代基团空间效应的影响,当芳烃具有体积较大的给电子取代基时,其邻位硝化比较困难,而对位硝化产物常常占优势。例如,甲苯硝化时,邻位与对位产物的比例是 40∶57,而叔丁基苯硝化时,其比例下降为 12∶79。

2. 硝化剂与硝化介质

不同的硝化对象,往往需要采用不同的硝化方法。相同的硝化对象,若采用不同的硝化剂,常常会得到不同的产物组成。因此在进行硝化反应时,必须要选择合适的硝化剂。

不同的硝化介质也常常改变异构体组成的比例。带有强供电子基的芳烃化合物(如苯甲醚、乙酰苯胺)在非质子化溶剂(如乙酐)中硝化时,得到较多的邻位异构体,而在可质子化溶剂(如硫酸)中硝化得到较多的对位异构体。这是由于在可质子化溶剂中硝化,供电子基电子富有的原子可能容易被氢键溶剂化,从而增大了取代基的体积,使邻位攻击受到空间阻碍。表 6-6 是乙酰苯胺在不同介质中硝化时的异构体组成。

表 6-6　乙酰苯胺在不同介质中硝化时的异构体组成

硝化剂	温度(℃)	邻位(%)	间位(%)	对位(%)	邻位/对位
$HNO_3 + H_2SO_4$	20	19.4	2.1	78.5	0.25
HNO_3(90%)	−20	23.5		76.5	0.31
HNO_3(80%)	−20	40.7	59.3	0.69	
HNO_3(在醋酐中)	20	67.8	2.5	29.7	2.28

3. 温度

对于均相硝化反应,温度直接影响反应速度和生成物异构体的比例。一般易于硝化和易于发生氧化副反应的芳烃(如酚、酚醚等)均可采用低温硝化,而含有硝基或磺基等较稳定的芳烃则应在较高温度下硝化。

对于非均相硝化反应,温度还将影响芳烃在酸相中的物理性能(如溶解度、乳化液粘度、界面张力)和总反应速度等。由于非均相硝化反应过程复杂,因而温度对其影响呈不规则状态,需视具体品种而定。例如,甲苯-硝化的反应速度常数大致为每升高 10℃增加 1.5～2.2 倍。

温度还直接影响生产安全和产品质量。硝化反应是一个强放热反应。混酸硝化时,反应生成的水稀释硫酸并放出热量,这部分热量约相当于反应热的 7.5%～10%。苯的一硝化反应热可达到 143kJ/mol。一般芳环一硝化的反应热也有约 126kJ/mol。这样多的热量若不及时移走,必然会发生超温现象,造成多硝化、氧化等副反应,甚至还会发生硝酸大量分解,产生大量红棕色 NO_2 气体,使反应釜内压力增大;同时主副反应速度的加快,还将继续产生更大量的热量,如此恶性循环使得反应失去控制,将导致爆炸等生产事故。因此在硝化设备中一般都带有夹套、蛇管等大面积换热装置,以严格控制反应温度,确保安全生产和得到优质产品。

4. 相比与硝酸比

相比是指混酸与被硝化物的质量比,也称酸油比。适宜的相比是非均相硝化反应顺利进行的保证。相比过大,设备的负荷加大,生产能力下降,废酸量大大增多;相比过小,反应初期酸的浓度过高,反应过于剧烈,使得温度难以控制;实际工业生产中,常采用向硝化釜中加入适量废酸的方法来调节相比,以确保反应平稳和减少废酸处理量。

硝酸与被硝化物的摩尔比称为硝酸比。按照化学方程式,一硝化时的硝酸比理论上应为 1,但是在工业生产中硝酸的用量通常高于理论量,以促使反应进行完全。当硝化剂为混酸时,对于易被硝化的芳烃,硝酸比为 1.01～1.05;而对于难被硝化的芳烃,硝酸比为 1.1～1.2 或更高。由于环境保护的要求日益强烈,20 世纪 70 年代开发的绝热硝化法正在逐步取代传统的过量硝酸硝化工艺。此法的特点之一是采用芳烃过量。

5. 副反应

由于被硝化物的性质、反应条件选择或操作不当等原因,可导致硝化副反应。例如,氧化、脱烷基、置换、脱羧、开环和聚合等副反应。氧化是影响最大的副反应。氧化可产生一定量的硝基酚:

烷基苯硝化,其硝化液颜色常会发黑变暗,尤其是接近硝化终点,其原因是烷基苯形成了某些配合物。一般苯不易形成配合物,含吸电子基芳烃衍生物次之,烷基芳烃最易形成,烷基链越长,越易形成。

硝化液中形成配合物颜色变深,常常是硝酸用量不足。形成的配合物,在45～55℃及时补加硝酸,可将其破坏;温度高于65℃,配合物沸腾,温度上升,85～90℃时再补加硝酸也难以挽救,生成深褐色的树脂状物。

许多副反应与硝化的氮氧化物有关。因此,必须设法减少硝化剂中氮的氧化物,严格控制硝化条件,防止硝酸分解,避免或减少副反应。

6.搅拌

大多数硝化过程属于非均相体系,良好的搅拌装置是反应顺利进行和提高传热效率的保证。加强搅拌,有利于两相的分散,增大了两相界面的面积,使传质阻力减小。在硝化过程中,特别是在间歇硝化反应的加料阶段,停止搅拌或桨叶脱落,将是非常危险的!因为这时两相快速分层,大量活泼的硝化剂在酸相积累,一旦重新搅拌,就会突然发生激烈反应,瞬时放出大量的热,导致温度失控,以至于发生事故。一般要设置自控和报警装置采取必要的安全措施。

6.2.3 硝化方法

根据有机物上氢原子或基团被取代方式,硝化方法有直接硝化法和间接硝化法。直接硝化法是用混酸、硝酸等各种硝化剂取代氢原子直接将硝基引入芳烃,直接硝化法包括混酸硝化法、硝酸硝化法和溶剂硝化法等;间接硝化法是先向芳烃引入其他基团或先生成一个中间产物,再用硝基进行取代或转化,最后生成硝基化合物。

1.混酸硝化法

目前,混酸硝化是工业上广泛采用的一种硝化方法,特别适用于芳烃的硝化。混酸硝化的特点是硝化能力强,反应速度快,生产能力高;硝酸用量接近于理论量,几乎全部被利用;硫酸的热容量大,可使硝化反应平稳进行;浓硫酸可溶解多数有机物,以增加有机物与硝酸的接触,使硝化反应易于进行;混酸对铁的腐蚀性很小,可采用普通碳钢或铸铁作反应器,不过对于连续化装置则宜采用不锈钢材质。

(1)混酸硝化能力

混酸的组成标志着混酸的硝化能力,合理选择混酸组成对生产过程的顺利进行十分重要。工业上常用硫酸脱水值和废酸计算浓度,表示混酸的硝化能力。

硫酸脱水值是指硝化终了时废酸中硫酸和水的计算质量之比,也称作脱水值。用符号 D. V. S. (Dehydrating Value of Sulfuric Acid)表示。

$$D. V. S. = \frac{废酸中硫酸的质量}{废酸中水的质量}$$

当已知混酸的组成和硝酸比时,脱水值的计算如下(假设一硝化反应进行完全,且无副反应):

$$D. V. S. = \frac{S}{(100-S-N)+\frac{2}{7}\times\frac{N}{\varphi}}$$

式中,S—混酸中硫酸的质量百分数;

N—混酸中硝酸的质量百分数;

φ—硝酸比。

当 $\varphi=1$ 时,则上式可简化为:

$$D. V. S. = \frac{S}{100-S-\frac{5}{7}N}$$

若 D. V. S. 值大,表示硝化能力强,适用于难硝化的物质,反之亦然。

废酸计算浓度是指混酸硝化终了时,废酸中硫酸的计算浓度,亦称硝化活性因素。用符号 F. N. A. (Factor of Nitration Activity 的缩写)表示。

当 $\varphi=1$ 时,可如下表示:

$$F. N. A. = \frac{140S}{140-N}$$

或:

$$S = \frac{140-N}{140}\times F. N. A.$$

当 $\varphi=1$ 时,则 D. V. S. 与 F. N. A. 的换算关系有:

$$D. V. S. = \frac{F. N. A.}{100-F. N. A.} \quad 或 \quad F. N. A. = \frac{D. V. S.}{1+D. V. S.}\times 100$$

从 F. N. A. 计算式可知,当 F. N. A. 为常数,S 和 N 为变量时,该式为一个直线方程。

为保证硝化过程顺利进行,对于具体反应要通过实验找出适宜的 D. V. S. 值或 F. N. A. 值获得混酸组成。

(2)混酸配制

首先,根据硝化要求的 D. V. S. 值、硝酸比和相比计算出混酸组成。

例如,氯苯一硝化的 D. V. S. 值为 2.8,硝酸比为 1.05,相比 φ 为 1.26,1kmol 氯苯硝化所用混酸的组成和用量计算如下:

$$m_{混酸}=112.5\times1.26=141.8(kg)$$

$$m_{硝酸}=63.1\times1.05=66.2(kg)$$

$$D. V. S. = m_{硫酸}/(m_{水}+18)=2.8$$

故:

$$m_{硫酸}=2.8m_{水}+50.4$$

$$m_{混酸}=m_{硫酸}+m_{硝酸}+m_{水}=2.8m_{水}+50.4+66.2+m_{水}$$

故:

$$m_{水}=6.63(kg)$$

$$m_{硫酸} = 69.0(kg)$$

混酸组成：H_2SO_4 48.7%，HNO_3 46.7%，H_2O 4.6%。

混酸用量：141.8kg。

混酸的配制有间歇操作与连续操作两种方法。配制混酸对设备的要求是具有防腐能力并装有冷却和机械混合装置。混酸配制过程中产生的混合热必须由冷却装置及时移除。为减少硝酸的挥发和分解，配酸的温度一般控制在40℃以下。

间歇式配酸操作时，要严格控制原料酸的加料顺序和加料速度。在无良好混合条件下，严禁将水突然加入大量的硫酸中。否则，会引起局部瞬间剧烈放热，造成喷酸或爆炸事故。比较安全的配酸方法应是在有效的混合和冷却条件下，将浓硫酸先缓慢、后渐快地加入水或废酸中，并控制温度在40℃以下，最后再以先缓慢，后渐快的加酸方式加入硝酸。

连续式配酸也应遵循这一原则。配制的混酸必须经过检验分析，若不合格，则需要补加相应的酸，调整组成直至合格。

（3）硝化操作方法

硝化操作过程分连续和间歇两种方式。连续法又分为罐式反应器多锅（釜）串联、管式反应器、泵式循环反应器等多种形式。连续法生产能力大，适用于大吨位产品的生产；间歇法具有较大的灵活性和适应性，适合于小批量、多品种的生产。

由于被硝化物的性质和生产方式的不同，生产过程中有三种不同的加料方式：正加法、反加法和并加法。

正加法是将混酸逐渐加到被硝化物中，其优点是反应比较缓和、可避免多硝化，但反应速度较慢，常用于被硝化物容易硝化的间歇过程。

反加法是将被硝化物逐渐加到混酸中，反应速度快，适用于制备多硝基化合物，或硝化产物难于进一步硝化的间歇过程。

并加法是将混酸和被硝化物按一定的比例同时加到硝化反应器中，常用于连续硝化过程。

（4）硝化产物分离与废酸处理

硝化产物的分离，主要是利用硝化产物与废酸密度相差大，可以分层的原理进行。多数硝化产物在浓硫酸中有一定的溶解度，并且随硫酸浓度的加大而提高。为了减少有机物在酸相的溶解，往往加入适量的水稀释废酸。在连续分离器中加入叔辛胺，可以加速硝化产物与废酸的分层，其用量为硝化物质量的0.0015%～0.0025%。

此外，废酸中的硝基物有时也可用有机溶剂（如二氯乙烷、二氯丙烷等）萃取回收，从而实现产物与废酸的分离。这种方法尽管投资大，但不需要消耗化学试剂，总体衡算仍很经济合理。

硝化产物与废酸分离后，还含有少量无机酸和酚类等氧化副产物，必须通过水洗、碱洗加以去除。

针对不同的硝化产品和硝化方法,废酸处理的方法不同,其主要方法有以下几种:

闭路循环法,将硝化后的废酸直接用于下一批的硝化生产中。蒸发浓缩法,在一定温度下,用原料芳烃萃取废酸中的杂质,再蒸发浓缩废酸,再用于配酸利用。

浸没燃烧浓缩法,当废酸浓度较低时,通过浸没燃烧,提浓到 $60\% \sim 70\%$,再进行浓缩用于配酸利用。

分解吸收法,废酸液中的硝酸等无机物在硫酸浓度不超过 75% 时,只要加热到一定温度,便很容易分解,释放出的氧化氮气体用碱液进行吸收处理。工业上也有将废酸液中的有机杂质萃取、吸附或用过热蒸气吹扫除去,然后用氨水反应制成化肥。

2. 其他硝化法

(1)硝酸硝化法

硝酸硝化的硝化剂可用稀硝酸和浓硝酸。

稀硝酸硝化能力较弱,通常用于某些容易硝化的芳香族化合物,如有强供电基的酚类、酚醚类和某些 N-酰化的芳胺等的硝化,硝基主要进入羟基、烷氧基或酰氨基的对位,对位被占时则进入邻位。稀硝酸须过量 $10\% \sim 65\%$。由于稀硝酸对普通钢材有严重的腐蚀作用,要求采用不锈钢或搪瓷锅作硝化反应器。

浓硝酸硝化时,硝酸的浓度越高,硝化进行越好,氧化副反应也越少。但浓硝酸硝化时生成的水会稀释硝酸,故生产上必须解决硝酸的浓度问题,常采用硝酸过量的方法。例如,氯甲苯一硝化,用 90%(质量分数)的硝酸需过量 4 倍。由于单独使用硝酸的硝化设备投资大,除硝化反应器要采用不锈钢材质外,还要有耐腐蚀的精馏装置来保证硝酸的高浓度,因此工业上应用并不是很普遍。

(2)溶剂乙酐硝化法

硝酸-乙酐是一种没有氧化作用的硝化剂,可与酚醚、N-酰芳胺等硝化,硝化产物中邻/对位的比例较高。但硝酸的乙酐溶液有爆炸的危险,应在使用前临时配制,乙酐的价格较贵,应用受到限制。

(3)置换硝化法

置换硝化法,也称间接硝化法,是先向芳烃引入其他基团或先生成一个中间产物,再用硝基进行取代或转化,最后生成硝基化合物。如磺基的取代硝化、重氮盐的取代硝化等。

酚或酚醚类芳香族化合物,由于易于被氧化产生副产物,一般不直接硝化,而是通过引入磺基后再用硝酸处理,磺基可被取代成硝基。

例如:

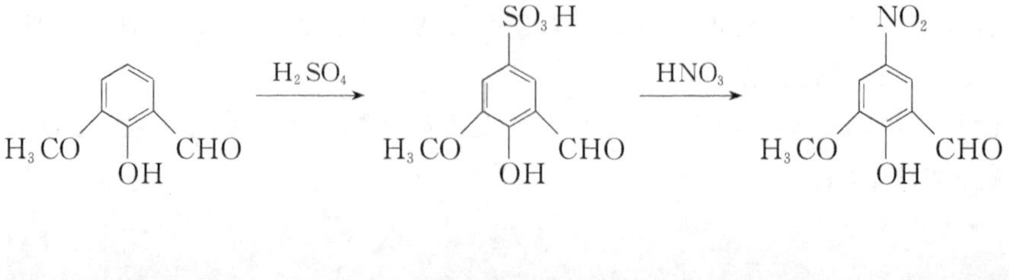

（4）绝热硝化法

绝热硝化法是区别于传统硝化法的一种工艺，与传统硝化方法相比，绝热硝化法的特点是：

硝化温度和压力较高，反应速率快，芳烃损失少；使用过量芳烃、高含水量混酸，硝酸几乎全部转化，副产物少，二硝基苯小于 0.05%；硝化釜无冷却装置，利用反应热真空闪蒸浓缩废酸，节能 90% 左右；苯绝热硝化最高温度 136℃，低于产生大量副反应的温度 190℃，过量苯及水的大量蒸发带走反应热，操作安全。反应一旦超压，通过防爆膜泄压，减少爆炸危害。

6.3　相关项目拓展

6.3.1　对硝基乙酰苯胺的制备

1. 基本原理

对硝基乙酰苯胺（p-nitroacetanilide）分子式为 $C_8H_8N_2O_3$，其结构式为：

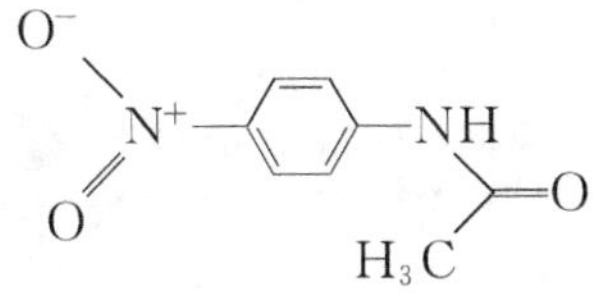

熔点：215～217℃。沸点：100℃（1.06×10^{-3} kPa）。几乎不溶于冷水，溶于热水、乙醇和乙醚，遇氢氧化钾溶液变成橘红色，有刺激性。对硝基乙酰苯胺主要用作药物和染料中间体。

对硝基乙酰苯胺可由乙酰苯胺经硝化制得，反应方程式如下：

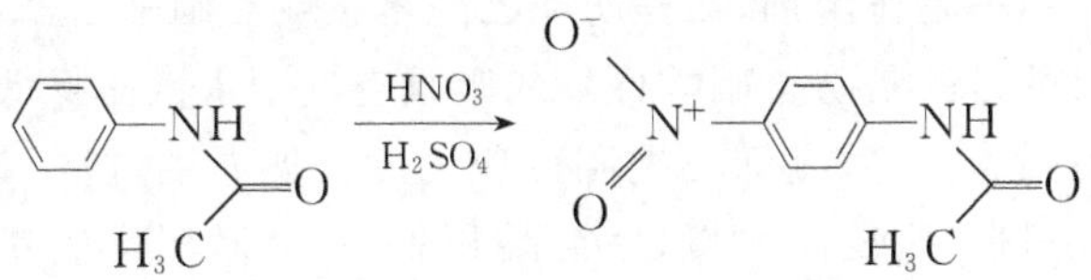

2. 主要仪器与药品

仪器：50mL/100mL 锥形瓶；加热套；250mL/500mL 烧杯；量筒；真空塞；滴管；制冰机；水循环泵；布氏漏斗；吸滤瓶；表面皿；玻璃塞。

药品：乙酰苯胺；冰醋酸；冰；浓硫酸；浓硝酸；15% 磷酸氢二钠。

3. 操作步骤

（1）原料溶解

在干燥的 100mL 锥形瓶中放置 5.4g 乙酰苯胺（0.04mol），加入 8.5mL 冰醋酸[1]，在石棉网上加热至溶解。稍冷后相继用冷水浴和冰水浴冷却到约 10℃，滴入 8.5mL 浓硫酸，再在冰水浴中冷到 10℃ 左右，溶液变得浓稠。

（2）配制混酸

在干燥的 50mL 锥瓶中混合 3.5mL 浓硝酸（含 HNO_3 约 3g，0.048mol）和 4.2mL 浓硫酸，塞住瓶口[2]，用冰水浴冷到 10～15℃。

（3）硝化反应

然后用滴管慢慢将配制的混酸滴加到已制备的乙酰苯胺溶液中，边滴加边摇匀，控制反应温度在 15～20℃[3]，约 10～15min 滴完。滴完后移除水浴，在室温下放置 0.5h 以上，并注意观察温度变化。如发现温度上升超过室温，应以冰水浴冷却到 15℃，然后重新在室温下放置并观察温度变化，直至在室温下连续放置 0.5h 而温度不超过室温为止。

（4）稀释分离

在 250mL 烧杯中放置 85mL 水和 20g 碎冰，将反应混合物倾注其中，搅拌，抽滤，用玻璃塞挤压滤饼，尽可能抽去其中的残酸。

（5）中和除酸

将滤饼转移到 250mL 烧杯中，加 15% 磷酸氢二钠水溶液[4]约 85～90mL，搅拌成糊状，抽滤。用约 30mL 水洗涤烧杯，一并转入抽滤漏斗中，抽干后再用约 50mL 冷水洗涤滤饼，重新抽滤，用玻璃塞挤压滤饼，尽量抽干。

（6）干燥

将滤饼转移到表面皿玻璃上晾干，得质量约 5.2g，粗品收率约 72%[5]。

（7）精制

如欲制得精品，可用 95% 乙醇重结晶纯化。

对硝基乙酰苯胺纯品为亮黄色柱状晶体，熔点 215℃。

本实验约需 4～5h。

4. 操作要点

（1）醋酸的作用一是作溶剂，二是防止乙酰苯胺或对硝基乙酰苯胺水解。

（2）塞住瓶口的目的是防止硝酸挥发或吸收空气中水汽而降低浓度。

（3）硝化反应强烈放热，应细心控制反应温度。如温度过高，易生成较多的二硝化产物；如温度过低，则反应太慢，使混酸积累，一旦激烈反应就会失去控制，甚至发生危险。在滴加混酸时还应注意及时将反应物摇匀，防止局部过浓。

（4）酸或碱都会促使产物水解，为了将粗产物中残留的酸中和掉而又不至于中和过量，故不使用一般的碱，而使用磷酸氢二钠。它与酸作用生成磷酸二氢钠，结果是一种 pH 值接近中性的缓冲溶液。其反应为：

$$CH_3COOH + HPO_4^{2-} \rightleftharpoons CH_3COO^- + H_2PO_4^-$$

（5）也可以用发烟硝酸来制备对硝基乙酰苯按，其操作方法是：在 100mL 烧杯中混合 4.1g 乙酰苯胺（0.03mol）和 4.2mL 冰乙酸，在冰浴和搅拌下加入 8.2mL 浓硫酸，将混合溶液冷至 10℃，在持续搅拌下将 1.7mL 发烟硝酸（含硝酸约 3g，0.048mol）缓缓滴入其中，控制温度在 15～20℃。滴完后继续再拌 10min，移至室温下放置 0.5h 以上。将反应物分批转入 200mL 水中,搅成糊状(转移搅拌过程中温度控制在 40℃以下),抽滤,将滤饼转移到烧杯中,加冷水搅成糊状,再抽滤。反复数次,直至洗出液接近中性。抽滤并用玻璃塞挤压滤饼,尽量抽干。滤饼摊开晾干后重约 4.6g,粗品收率约 85%。

6.3.2 硝基苯的生产实例

1. 概况

硝基苯(nitrobenzene)俗称人造苦杏仁油。分子式 $C_6H_5NO_2$,相对分子质量 123.11。结构式为:

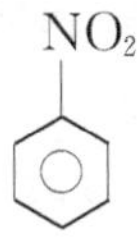

硝基苯为无色至淡黄色油状液体,或黄绿色晶体。熔点 5.85℃。沸点 210.9℃,53.1℃(133Pa)。相对密度 1.205。折射率 1.5529。闪点 87℃。易溶于乙醇、乙醚、苯和油类,溶于约 500 份水。能随水蒸气挥发。有苦杏仁味。可燃,有毒! 对人的血液有毒害作用,吸入或由皮肤渗入都可以引起中毒。

主要用途:重要的有机原料和中间体,广泛应用于染料合成、药物合成和有机合成中。

2. 生产原理与工艺

世界上苯的硝化技术实现工业化方法通常有三种:等温硝化工艺、泵式硝化、绝热硝化。我国随着对其下游产品苯胺和聚氨酯泡沫塑料等需求量的增长,逐步发展了硝基苯的锅式串联、环式串联、管式、泵式循环或塔式等连续硝化工艺。近年也开始采用绝热硝化法生产。

(1)生产原理及工艺流程

硝基苯是以苯为原料,以硝酸和硫酸的混合酸为硝化剂,进行苯的硝化而制得。

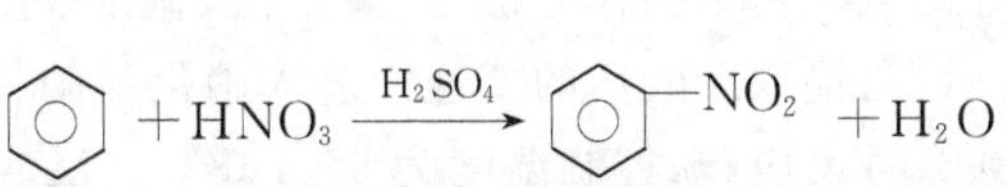

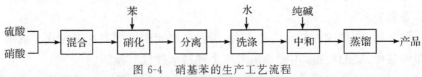

简要生产工艺过程是,将按一定比例配制的硝化剂和苯加入硝化釜,经搅拌和控制冷却水维持反应温度,使苯与硝化剂反应生成粗硝基苯。硝化产物在分离器将废酸和粗硝基苯分离开,再经水洗和氢氧化钠溶液中和,最后再进行两次精馏得到硝基苯产品,工艺流程如图 6-4 所示。

图 6-4 硝基苯的生产工艺流程

（2）原料配比表（见表6-7）

表 6-7　制备硝基苯的原料配比

原料名称	规格	消耗量(kg/t)	摩尔量(kmol)
苯	98%,工业品	650	8.17
硫酸	98%,工业品	390(可回收 355)	
硝酸	98%,工业品	550	8.56
氢氧化钠	45%,工业品	15	

（3）主要设备

分离器、洗涤罐、硝化反应釜、贮槽中和锅、脱苯塔、真空精馏塔、产品贮罐。

（4）操作工艺

首先将苯加到硝化反应釜中,边冷却边加入混酸(混酸组成为:硝酸 30%,硫酸 60%,水 10%),利用冷却和调节混酸加入速度,使反应温度维持在 25~45℃。加酸完毕后维持在 45℃,连续搅拌 2h,使反应完成。取样测定密度,密度应在 1.2g/cm³(15℃)以上。达预定密度后,将硝化釜温度冷却至 30℃ 以下。然后放入静置槽,再送至分离器,分离废酸和粗硝基苯。分离出硝基苯经过连续水洗,用 45%烧碱液中和,再经水洗后送至脱苯塔。在脱苯塔回收未反应的苯,并循环至硝化釜。硝基苯送至精馏塔进行减压蒸馏,得精制硝基苯。

（5）工艺比较

上述操作为间歇法。原料混酸中的硫酸的作用是促进硝化,防止氧化。混酸用量只要略高于理论用量即可。因硝化反应为剧烈放热反应,故需要进行有效的冷却以免温度失控引起爆炸,故对搅拌提出了很高的要求,而且只能把混酸加到苯中。反应约持续数小时。副产物是间二硝基苯。

也可采用连续法生产。连续硝化采用串联的硝化反应釜。为使硝酸得到充分利用并降低副产物二硝基苯的生成,加入的苯稍过量。连续法具有生产能力大,硝酸浓度可适当降低等优点。基本操作方法是:将硫酸、硝酸、水(组成分别为 48%、45%、7%)配成混酸后,与提取废酸后的苯连续进入硝化釜硝化。控制反应温度在 68~70℃。再溢流到 2 号反应釜,控制温度为 65~68℃。反应物料在硝化釜中停留时间为 6~12min。反应完毕的硝化物,经连续分离器,分出酸性硝基苯和废酸(废酸经提取、浓缩后,重新使用),再进行水洗,碱液中和到中性,最后分出废碱液,即得硝基苯。

（6）工业安全急救与防护措施

①急救方式

皮肤接触:立即脱去被污染的衣着,用肥皂水和清水彻底冲洗皮肤。就医。

眼睛接触:提起眼睑,用流动清水或生理盐水冲洗。就医。

吸入:迅速脱离现场至空气新鲜处。保持呼吸道通畅。如呼吸困难,给输氧。

如呼吸停止,立即进行人工呼吸。就医。

食入:饮足量温水,催吐,就医。

②防护措施

呼吸系统防护:可能接触其蒸气时,佩戴过滤式防毒面具(半面罩)。紧急事态抢救或撤离时,建议佩戴自给式呼吸器。

眼睛防护:戴安全防护眼镜。

身体防护:穿透气型防毒服。

手防护:戴防苯耐油手套。

知识考核

1. 引入硝基的目的有哪几个方面?

2. 硝化反应有何特点?

3. 混酸硝化反应,硝化活性质点是什么?

4. 非均相硝化分哪几种类型?

5. 影响硝化反应的主要因素有哪些?

6. 什么是相比、硝酸比?

7. 简述非均相硝化反应搅拌的重要性。

8. 什么是直接硝化法和间接硝化法?

9. 直接硝化法包括哪些方法?

10. 说明硫酸脱水值大小的意义?

11. 简述硝化反应中三种不同的加料方式。

12. 分析说明混酸硝化生产多硝基芳烃,宜选用何种操作法?

13. 混酸硝化后反应液主要有哪些物质组成?如何将其中的硝化产物分离出来?请用流程框图表示。

14. 如何最大限度地减少硝化废酸量?

15. 由硝基苯生产间二硝基苯,需配制 5t 组成为 H_2SO_4(72%)、HNO_3(26%),H_2O(2%)的混酸,计算20%发烟硫酸、85%废酸及98%硝酸的用量(kg)。若采用间歇式硝化工艺,相比 $\varphi=1.08$,试计算酸油比及硫酸脱水值 DVS。

7 氧化反应与工艺

以苯甲酸制备为教学项目载体,了解一般氧化反应的原理并掌握操作方法,能够处理制备过程中的异常情况并分析制备结果,从而认识氧化单元反应的分类、特点、氧化方法与常见强化学氧化剂,能够分析氧化反应的主要影响因素,能绘制常见重要氧化产品工业生产基本流程、选择合适的反应装置并掌握相关操作。通过氧化单元反应学习,培养学生谨慎作风、良好工作态度以及质量、安全与节能减排意识。

7.1 教学项目设计——苯甲酸的制备

项目背景

防腐剂是指天然或合成的化学成分,用于加入食品、药品、颜料、生物标本等,以延迟微生物生长或化学变化引起的腐败。食品防腐剂能抑制微生物活动,防止食品腐败变质,从而延长食品的保质期,是用以保持食品原有品质和营养价值为目的的食品添加剂。

我国到目前为止已批准了 32 种使用的食物防腐剂,规定使用常见的防腐剂有苯甲酸、苯甲酸钠、山梨酸、山梨酸钾、丙酸钙等 25 种。在《食品添加剂使用卫生标准》严格规定了防腐剂的种类、质量标准和添加剂量。

苯甲酸及其盐类作为防腐剂被用于食品工业已经有很多年的历史,因其价格低廉,在我国普遍使用,主要用于碳酸饮料和果汁饮料。除作食品防腐剂外,还可将其作为青贮饲料添加剂使用,用于抑制青贮料中霉菌和酵母的产生。

苯甲酸也称为安息香酸

英文名称:Benzoic Acid

分子式:$C_7H_6O_2$

外观:鳞片状或针状结晶,具有苯或甲醛的气味

分子量:122.12

熔点:122.13℃

沸点:249℃

相对密度：1.2659

溶解性：微溶于水，易溶于乙醇、乙醚等有机溶剂。

辽宁华亿化工实业有限公司是国内专业生产苯甲酸及苯甲酸钠的厂家，年产苯甲酸 10 万吨，苯甲酸钠 10 万吨，采用国内最先进的氧化生产工艺。

7.1.1 任务一：认识制备苯甲酸的原理

活动一、检索交流

通过书籍或网络查找苯甲酸的理化性质、用途和各种制备方法和原理、应用、市场发展和需求等（包括文字、图片和视频等，相互交流），填写相关记录于表 7-1 中。

表 7-1 苯甲酸的基本情况

项目	内容	信息来源
苯甲酸的理化性质		
苯甲酸的用途		
苯甲酸的制备方法、原理		
国内外苯甲酸生产情况、市场价格		
国内外苯甲酸工业发展		

苯甲酸可由甲苯与高锰酸钾氧化制得；或是在钴、锰等催化剂存在下用空气氧化甲苯制得；或由邻苯二甲酸酐水解脱羧制得。

苯甲酸通过相转移催化氧化甲苯制备，反应方程如下：

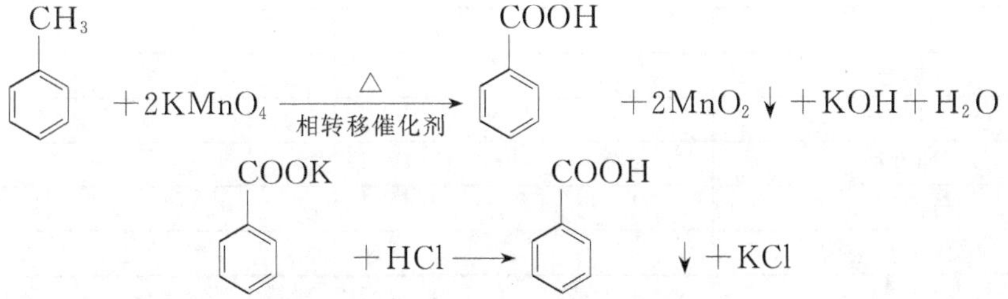

相转移催化作用是指一种催化剂能加速或者能使互不相溶的两种物质发生反应，在此反应中，加入相转移催化剂可以使氧化剂从水相转移到有机相。由于甲苯和水互不相溶，反应只能在两者的界面中进行，所以传统的反应方法耗时很长。加入相转移催化剂后，反应能缩短时间顺利进行。

由于苯甲酸钾易溶于水，苯甲酸易溶于热水微溶于冷水，因而可通过重结晶等对苯甲酸进行分离。

活动二、收集数据

根据制备原理，确定主要原料。通过有关化学品安全技术说明书（MSDS）查找原料及产品的安全、健康和环境保护方面的各种信息，查找相关原料化合物的分子量、熔点、沸点、密度、溶解性和毒性等物理性质,制成表格 7-2 并相互交流。

表 7-2 主要原料及产品的物理常数

药品名称	分子量	熔点(℃)	沸点(℃)	密度	水溶解度(g/100mL)	用量
甲苯					不溶	2.7mL
高锰酸钾					易溶	8.5g
苯甲酸					0.29g(20℃) 6.7g(100℃)	—
其他药品	溴化四丁铵、亚硫酸氢钠、浓盐酸、pH 试纸、蒸馏水、活性炭、冰块					

7.1.2 任务二:设计苯甲酸制备过程

活动一、选择反应装置

参考图 7-1,设计画出仪器设备装置图,选择适宜的仪器设备并搭建装置。仪器设备规格选择详见表 7-3。

表 7-3 仪器设备规格与数量

仪器设备名称	规格型号	数量
搅拌器		
三口烧瓶		
回流冷凝管		
温度计		
烧杯		
量筒		
抽滤瓶		
布氏漏斗		
循环水真空泵		

图 7-1 苯甲酸制备装置

活动二、列出操作步骤

仔细研究下列实验过程,在预习报告中详细列出操作步骤。

1. 加料反应

在 250mL 三口烧瓶中加入 2.7mL 甲苯,100mL 水,相转移催化剂 0.2g, 8.5gKMnO_4,安装搅拌器,回流冷凝管,真空塞,搅拌速度 200~300r/min,加热回流 1.5h。

2. 减压过滤

将反应混合物减压过滤,滤液如呈紫色,可加入少量亚硫酸氢钠(注意勿将亚硫酸氢钠加得太多),直到紫色褪去,并重新减压过滤。

3. 酸化结晶

将滤液在冰水浴中冷却,然后用浓盐酸酸化,至酸性 pH 小于 3,继续冷却直到苯甲酸全部析出为止(温度低于 20℃)。

4. 过滤

将析出的苯甲酸减压过滤,用少量冰水洗涤。

5. 干燥

滤饼粗品置于表面皿上,80℃烘箱烘干,称取质量,计算收率。

苯甲酸若颜色不纯,可用适量热水进行重结晶提纯,并加活性炭脱色。

7.1.3 任务三:制备苯甲酸

活动一、合成制备

根据实验步骤操作完成产品合成,同时观察记录产品生产过程中的现象,注意异常状况及时处理,记录有关数据。

操作要点与异常处理:

(1)因氧化反应是放热反应,故在制备反应的整个过程中,要保证电动搅拌器不能停止,否则可能会发生反应液喷出的现象。

(2)反应完成(若高锰酸钾过量显紫色),按如下操作:撤去电热套,继续搅拌不能停,慢慢地从冷凝管上口分批加入饱和亚硫酸氢钠溶液,直到刚好紫色褪去。

(3)酸化和冷却要彻底,使苯甲酸充分结晶析出。

(4)反应结束仪器上粘有棕色二氧化锰可用亚硫酸钠溶液洗。

活动二、分析测定

测定产物的熔点和红外光谱。

活动三、展示产品

记录产品的外观、性状,设计制作产品标签,称出实际产量,计算收率,产品装瓶展示。

点评与思考

(1)反应完成,过滤后滤液尚呈紫色,为什么要加入亚硫酸氢钠?

(2)还可用什么方法来制备苯甲酸?

7.2 氧化反应知识学习

有机物的氧化主要是指在氧化剂的存在下,有机物分子中增加氧或减少氢或两者兼而有之的反应。通过氧化反应可以制得醇、醛、羧酸、羧酸酐、有机过氧化物、环氧化物、酚、醌和腈等一系列产品。

在小批量精细化工产品生产中,经常选用化学氧化剂,如高锰酸钾、重铬酸钾、硝酸、双氧水等,氧化选择性较好。工业上产量大的氧化产品多数采用气态氧(空气或氧气)为氧化剂。气态氧价格低廉、无腐蚀性,但氧化能力弱,氧化选择性不理想。

使用化学氧化剂时,反应一般在液相中进行称为化学氧化法。以空气或氧气作氧化剂时,反应可以在液相或气相中进行,别称为空气的液相氧化法、空气的气固相接触催化氧化法。

7.2.1 化学氧化法

化学氧化是指利用空气和氧以外的无机或有机氧化剂,使有机物发生氧化反应。在实际的生产中,为了提高氧化反应的选择性,常采用化学氧化法。

1.化学氧化法优缺点

化学氧化法具有反应条件比较温和、反应容易控制、操作简便、工艺成熟的优点。只要选择了合适的化学氧化剂,就有可能得到良好的结果。由于化学氧化剂的高选择性,它可以制备醇、醛、酮、羧酸、酚、醌以及环氧化合物和过氧化合物等一系列有机产品。尤其是对于产量小、价值高的精细化工产品,使用化学氧化法尤为方便。

化学氧化法主要的缺点是较其他氧化剂价格贵。虽然某些化学氧化剂的还原物可以回收利用,但仍存在处理难的问题。另外,化学氧化法大都是分批操作,设备的生产能力低,有时对设备腐蚀严重。由于存在着以上缺点,在实际工艺改进过程中,以前曾用化学氧化法制备的一些大吨位产品现已改用空气氧化法,例如苯甲酸、苯酐等。

2.化学氧化剂

(1)化学氧化剂的类型

化学氧化剂可以分为以下几类:

①高价金属元素的化合物,如高锰酸钾、重铬酸钾、三氧化铬、二氧化锰、三氯

化铁及氯化铜等；

②高价非金属元素的化合物，如硝酸、氯酸钠、次氯酸钠、硫酸、三氧化硫及氯气等；

③富氧化合物，如过氧化氢、臭氧、硝基化合物、有机过氧酸及有机过氧化氢等。

化学氧化剂都各有特点。其中属于强氧化剂的有：高锰酸钾、重铬酸钾、三氧化铬、二氧化锰、硝酸，它们主要用于制备羧酸和醌类，但是在温和条件下也可用于制备醛和酮类，其他的化学氧化剂大部分属于温和氧化剂，而且局限于特定的应用范围。

(2)重要化学氧化剂的特点及应用

①高锰酸钾

高锰酸钾分子中的锰是+7价的，它的氧化能力很强，主要用于将甲基、羟甲基或醛基氧化为羧基。

高锰酸钾在酸性水介质中，锰由+7价被还原成+2价，它的氧化能力太强，选择性差，只适合用于制备个别非常稳定的氧化产物，而锰盐难于回收，工业上很少使用酸性氧化法。高锰酸钾在中性或碱性水介质中，锰由+7价被还原成+4价，也有很强的氧化能力。此法的优点是选择性好，生成的羧酸以钾盐的形式溶解于水，产品的分离与精制简便，副产的二氧化锰有广泛用途。

将甲基氧化成羧基时，羧基形成钾盐或钠盐，同时生成等物质的量的氢氧化钾，使介质呈碱性。例如：

$$RCH_3 + 2KMnO_4 \longrightarrow RCOOK + KOH + 2MnO_2 + H_2O$$

将伯醇基氧化成羧基时，也生成碱性的氢氧化钾。例如：

$$3RCH_2OH + 4KMnO_4 \longrightarrow 3RCOOK + KOH + 4MnO_2 + 4H_2O$$

但是将醛基氧化成羧基时，为了使羧酸完全转变成可溶于水的盐，还需另外加入适量的氢氧化钠，才能使溶液保持中性或碱性，例如：

$$3RCHO + 2KMnO_4 + NaOH \longrightarrow 2RCOOK + RCOONa + 2MnO_2 + 2H_2O$$

用高锰酸钾在中性或碱性介质中进行氧化时，操作非常简便，只要在 $40 \sim 100℃$，将稍过量的固体高锰酸钾慢慢加入到含被氧化物的水溶液或水悬浮液中，氧化反应就可以顺利完成。过量的高锰酸钾可以用亚硫酸钠等还原剂将它分解掉。过滤除去不溶性的二氧化锰后，将羧酸盐的水溶液用无机强酸酸化，即可得到较纯净的羧酸。例如：

$$\text{(邻硝基对乙酰氨基甲苯)} \xrightarrow[90\sim97\text{℃}]{\text{KMnO}_4, \text{MgSO}_4} \text{(邻硝基对乙酰氨基苯甲酸)}$$

硫酸镁起到中和碱的作用,防止碱性条件下乙酰氨基水解。

②二氧化锰

二氧化锰可以是天然的软锰矿的矿粉（含 MnO_2 质量含量 $60\%\sim70\%$）,也可以是高锰酸钾氧化时的副产物。二氧化锰是较温和的氧化剂,可使氧化反应停留在中间阶段,因此可以使芳环侧链上的甲基氧化为醛,可用于芳醛、醌类的制备等。其用量与所用硫酸的浓度有关,一般在稀硫酸中,要用过量较多的二氧化锰;在浓硫酸中,二氧化锰稍过量即可。例如:

$$\text{(对氯甲苯)} \xrightarrow[70\text{℃}]{\text{MnO}_2, \text{H}_2\text{SO}_4} \text{(对氯苯甲醛)}$$

③重铬酸钠

重铬酸钠可以在各种浓度的硫酸中使用。主要用于将芳香环侧链的甲基氧化成羧基。在中性、碱性水溶液中,重铬酸钠是温和的氧化剂,可将甲基、伯醇、羟基等基团氧化成醛基。例如:

$$\text{(对硝基甲苯)} \xrightarrow[80\sim90\text{℃}]{\text{Na}_2\text{Cr}_2\text{O}_7, \text{H}_2\text{SO}_4} \text{(对硝基苯甲酸)}$$

由于含铬的废液污染环境,因此许多重铬酸盐氧化法已逐渐被其他氧化法所替代。

④硝酸

用硝酸作氧化剂时,硝酸本身被还原成 NO_2 和 N_2O_3。

$$2HNO_3 \longrightarrow [O] + H_2O + 2NO_2 \uparrow$$

$$2HNO_3 \longrightarrow 2[O] + H_2O + N_2O_3 \uparrow$$

在钒催化剂存在下进行氧化时,硝酸可以被还原成无害的 N_2O,并提高硝酸的利用率。

$$2HNO_3 \longrightarrow 4[O] + H_2O + N_2O \uparrow$$

硝酸氧化法的优点是价格低廉,对于某些氧化反应选择性好、收率高、工艺简单。硝酸氧化法的主要缺点是腐蚀性强、产生的废气需要处理,在某些情况下会引起硝化副反应。硝酸氧化法的主要用途是从环己酮/醇混合物的氧化制己二酸;从环十二醇/酮混合物的开环氧化制取十二碳二酸。

$$\text{（环己醇/环己酮）} \xrightarrow[60\%\sim65\%HNO_3, 60\sim90℃常压]{NH_4VO_3催化} HOOC—(CH_2)_{10}—COOH$$

⑤过氧化氢

过氧化氢是比较温和的氧化剂。其最大优点是反应后生成水，无有害物质生成。但是双氧水不稳定，只能在低温下使用，因此它的使用范围受到了限制。

在工业生产中，过氧化氢主要用于制备有机过氧化合物和环氧化合物。双氧水与羧酸、酸酐或酰氯作用可以生成有机过氧化物。例如苯甲酰氯与双氧水的碱性溶液作用可以制取过氧化苯甲酰：

$$2\ \text{Ph—C(=O)—Cl} + H_2O_2 + 2NaOH \longrightarrow \text{Ph—C(=O)—O—O—C(=O)—Ph} + 2NaCl + 2H_2O$$

双氧水与不饱和酸或不饱和酯作用可以制取环氧化合物。例如，精制大豆油在硫酸和甲酸或乙酸的存在下与双氧水作用可以制得环氧大豆油。

$$HCOOH + H_2O_2 \xrightarrow{H_2SO_4} HCOOOH + H_2O$$

$$\begin{array}{l}
\text{R—CH=CH—R'—C(=O)—O—CH}_2 \\
\text{R—CH=CH—R'—C(=O)—O—CH} + 3HCOOOH \\
\text{R—CH=CH—R'—C(=O)—O—CH}_2
\end{array} \longrightarrow
\begin{array}{l}
\text{RCH—CH—R'—C(=O)—O—CH}_2 \\
\text{RCH—CH—R'—C(=O)—O—CH} + 3HCOOH \\
\text{RCH—CH—R'—C(=O)—O—CH}_2
\end{array}$$

7.2.2　空气液相氧化法

空气液相氧化反应指的是液体有机物在催化剂（或引发剂）的作用下通空气进行的氧化反应。反应的实质是空气溶解进入液相，在液相中氧化有机物。烃类的空气液相氧化在工业上可直接制得有机过氧化氢物、醇、酮、羧酸等一系列产品。另外，有机过氧化氢物还可进一步反应制得酚类和环氧化合物等系列产品。

1. 空气液相氧化法优缺点

空气液相氧化法的主要优点是：与化学氧化法相比，不消耗价格较贵的化学氧化剂；与空气的气-固相接触催化法相比，反应温度比较低（100～250℃），反应的选择性好，因此可以制备多种类型的产品。如，甲苯、乙苯和异丙苯用空气进行气-固相接触催化氧化时都生成苯甲酸和过度氧化产物。而在空气液相氧化时，则可以分别得到苯甲酸、苯乙酮、乙苯过氧化氢物和异丙苯过氧化氢物。

空气液相氧化法的主要缺点是：在较低的温度下，氧化能力有限，由于转化率低，后处理操作过程复杂；反应液呈酸性，氧化反应器需要用优良的耐腐蚀材料；一般需要加压操作，以增加空气中的氧在液相中的溶解度，从而提高反应速率、缩短反应时间,并减少尾气中有机物的夹带损失。因此,空气液相氧化法的应用也受到一定限制。

2.空气液相氧化法反应历程

某些有机物在室温下遇到空气可以发生氧化反应,这种现象称为自动氧化。通常这种反应速率缓慢,存在较长的诱导期,在实际生产中,为了提高自动氧化的速率,缩短诱导期和反应时间,需要加入一定量的催化剂或引发剂,并提高反应温度。自动氧化是自由基链式反应,其反应历程包括链引发、链增长和链终止三个阶段。烃类自动氧化的最初产物是有机过氧化氢物。如果它在反应条件下是稳定的,则可以成为自动氧化的最终产物。

$$2RCH_3 + O_2 \xrightarrow[\text{链引发,链增长,链终止}]{\text{催化剂或引发剂}} 2RCH_2OOH(\text{有机过氧化氢物})$$

但是在大多数情况下,它是不稳定的,将进一步分解而转化为醇、醛、酮或被继续氧化为羧酸。

3.自动氧化的主要影响因素

(1)引发剂和催化剂

烃类自动氧化是属于自由基反应。但在不加入引发剂或催化剂的情况下,烃的自动氧化在反应初期进行得非常慢,通常要经过很长时间才能积累到一定浓度的自由基 R·,才能使氧化反应以较快的速度进行下去。这段积累一定浓度的自由基的时间称为"诱导期"。加入引发剂或催化剂,容易产生自由基,这样就可以尽快地积累到一定浓度的自由基,从而缩短诱导期。

在烃类自动氧化生成醇、醛、酮或羧酸等产物时,最常用的自动氧化催化剂是可变价金属的盐类。最常用的可变价金属是钴 Co,有时也用到锰 Mn、铜 Cu 和钒 V 等。最常用的钴盐是水溶性的醋酸钴,油溶性的油酸钴和环烷酸钴。其用量一般是被氧化物质量的百分之几到万分之几。

可变价金属的盐类作催化剂的优点是,在反应中生成的低价金属离子可以被空气中的氧再氧化成高价离子,它本身并不消耗,能进行持续的催化作用。

$$RH + M^{n+} \longrightarrow R· + H^+ + M^{(n-1)+}$$
$$M^{(n-1)+} - e \longrightarrow M^{n+}$$

应当注意,如果目的在于制备有机过氧化氢物,则不宜使用可变价金属盐作催化剂,因为可变价金属离子会促进有机过氧化氢物的分解。在连续生产时可利用有机过氧化氢物自身的缓慢热分解产生自由基以引发自动氧化反应。

$$R-O-O-H \longrightarrow R-O· + HO·$$

(2)被氧化物的结构

在烃分子中 C—H 键均裂成 R· 和 H· 的难易程度与烃分子的结构有关,通常叔 C—H 键能最弱,最易断裂,仲 C—H 键次之,伯 C—H 键最强。因此氧化首先发生在叔碳原子上。

（3）链终止剂

链终止剂是能够与自由基结合，形成稳定化合物的物质。链终止剂会使自由基销毁，造成链终止，显著减慢反应速度，阻碍反应的进行。因此被氧化的物料中不应该含有链终止剂。如：酚类、胺类、醌类和烯烃等。

（4）氧化深度

氧化深度通常以原料的单程转化率来表示。大多数的自动氧化反应过程中，常常伴随着一系列的串联副反应和其他的竞争副反应的发生，随着反应单程转化率的提高，副产物会逐渐积累起来，使反应速度逐渐变慢。同时产物的分解和深度的氧化，也会造成选择性和收率下降。因此，需要将氧化深度保持在适宜的水平，用来保持较高的反应速度和选择性。对于未反应的原料可以经过分离后循环使用，这样既可以提高总收率，还可以降低原料的消耗。

对于可以生成稳定产物的氧化反应，如羧酸，由于连串副反应不易发生，生成的产物进一步发生氧化或分解的可能性很小，所以可以进行深度氧化，用来减少物料的循环量，使后处理操作过程简化，实现生产能耗和生产成本的降低。

4. 空气液相氧化反应器

液相空气氧化属于气-液非均相反应。空气中的氧在液相中的溶解度很小，因此氧化反应器的选择要考虑有利于气-液接触传质。氧化反应器主要有釜式和塔式两种。根据现代工业的生产能力，空气液相氧化主要是采用连续操作的形式，另外也有一部分间歇操作的形式。

在实际工业生产中，间歇釜式氧化器在釜内有传热用的蛇管，反应器底部装有空气分布器，分布器上有数万个 1～2mm 的小孔，能使空气形成大小适宜的气泡，使气-液相物料充分接触。也可以把小孔改成喷嘴，构成喷射式反应器，强化气-液相间的传质。也可以用机械搅拌装置强化传质。釜式反应器的长径比为（3～5）:1。

塔式氧化器（氧化塔）可以采用空塔，也可以采用填料塔或板式塔。空塔和填料塔一般采用并流操作；板式塔可采用逆流操作。空塔为返混式反应器，用于产物比较稳定的氧化反应。板式塔为返混较小的反应器，相当于多个返混反应器的串联操作，用于产物不太稳定的反应体系，有利于获得较高的选择性。

为了增加空气中的氧在液相中的溶解度，反应一般采用加压操作。这不仅可以提高反应速率、缩短反应时间、减少尾气中夹带的反应物或溶剂，还可以充分利用空气中的氧，减少空压机的动力消耗，同时降低尾气的含氧量，使之始终保持在爆炸极限外，保证生产安全。

氧化液一般呈酸性，具有很强的腐蚀性，因此氧化器材质应当使用耐腐蚀的材料，一般采用优质不锈钢，甚至采用钛材。

7.2.3 空气的气-固相接触催化氧化法

将有机物的蒸气与空气的混合气体在高温（300～500℃）下通过固体催化剂，

有机物、氧气接触到催化剂表面发生适度氧化，生成目的产物的反应叫作空气的"气-固相接触催化氧化"。气-固相接触催化氧化法都是连续化生产，在工业上主要用于制备某些醛类、羧酸、酸酐、醌类和腈类等产品。

1. 气-固相接触催化氧化的优缺点

气-固相接触催化氧化的主要优点是：采用空气或氧气，它不消耗价格较贵的氧化剂，成本低；与空气液相氧化相比，它可以使被氧化物基本上参加氧化反应，后处理比较简单；不需要溶剂，对设备无腐蚀性，设备投资费用低。如，邻二甲苯用空气液相氧化制备邻苯二甲酸酐，虽然收率高，但因设备腐蚀性严重、后处理复杂，因此造成投资太大，因而不能与邻二甲苯的气-固相接触催化氧化法相竞争。

气-固相接触催化氧化法的主要缺点是：要求被氧化物和目的氧化产物在反应条件下热稳定性好，要求目的产物在反应条件下对于进一步氧化有足够的化学稳定性；选择能满足多方面要求的性能良好的催化剂比较困难；传热效率低，反应热及时移出比较困难，需要强化传热。例如，以对二甲苯为原料氧化制对苯二甲酸时，由于产物中的两个羧基不能像邻苯二甲酸那样形成稳定的酸酐，容易发生脱羧副反应，使收率下降，因此对二甲苯的氧化制对苯二甲酸只能采用空气液相氧化法。

2. 催化剂

气-固相接触催化氧化反应使用的固体催化剂主要由催化活性组分、助催化剂和载体组成。

(1) 催化活性组分

催化活性组分一般是过渡金属及其氧化物，根据催化原理，这些物质对氧具有一定的化学吸附能力。常用的过渡金属催化剂有 Ag、Pt、Pd 等；常用的氧化物催化剂有 V_2O_5、MoO_3、BiO_3、Fe_2O_3、WO_3、Sb_2O_3、SeO_2、TeO_2 和 Cu_2O 等。以其中一种或数种氧化物复合使用。V_2O_5 是最常用的氧化催化剂。

(2) 助催化剂

在催化剂中还添加一些辅助成分，它本身没有催化活性或催化活性很小，但是它能提高催化活性组分的活性、选择性或稳定性等性能，这些成分主要有 K_2O、SO_3、P_2O_5 等氧化物，称为助催化剂。如图 7-2 所示。

图 7-2 载体和催化剂

（3）载体

另外，还采用硅胶、浮石、氧化铝、氧化钛、碳化硅等高熔点物质作为载体，以增加催化剂的催化活性组分的比表面积、空隙度、机械强度、热稳定性等，延长催化剂的寿命。

例如，苯氧化制顺丁烯二酸酐的催化剂：活性组分是 $V_2O_5-MoO_3$，助催化剂是锡、钴、镍、银、锌等氧化物和 P_2O_5、SeO_2 等，载体是 α-氧化铝、氧化钛、碳化硅、沸石等。

对于活性组分过渡金属氧化物的催化作用原理，一般认为过渡金属氧化物是传递氧的媒介物。即：

$$氧化态催化剂＋原料 \longrightarrow 还原态催化剂＋氧化产物$$
$$还原态催化剂＋氧（空气） \longrightarrow 氧化态催化剂$$

气-固相接触催化氧化反应是典型的气-固非均相催化反应，包括扩散、吸附、表面反应、脱附和扩散五个步骤。由于反应需要的温度较高，又是强烈的放热反应，为抑制平行和连串副反应，提高气-固接触催化氧化反应的选择性，必须严格控制氧化反应的工艺条件。

3. 气-固相接触催化氧化反应器

气-固相接触催化氧化反应是将反应原料的气态混合物在一定的温度、压力下通过固体催化剂而完成的。由于反应的热效应巨大，反应器的传热非常重要，所以采用的反应器型式必须能够及时移走反应热和控制适宜反应温度，防止局部过热。这类反应器主要有两种类型，即列管式固定床反应器和流化床反应器。

（1）列管式固定床反应器

列管式固定床反应器的结构类型很多，最简单的结构类似于单程列管式换热器。

列管式固定床反应器主要用于热效应大、对温度比较敏感、要求转化率高、选择性好、必须使用粒状催化剂、催化剂使用寿命长、不需要经常更换催化剂的反应过程。它的应用广泛，许多气-固相接触催化氧化过程都采用列管式固定床反应器。

列管式固定床反应器的主要优点是：催化剂磨损小，流体在管内接近活塞流，推动力大，催化剂的生产能力高。但它也有缺点：结构复杂，加工制造不方便，而且造价高，特别是对大型反应器，需要安装几万根管子。

（2）流化床反应器

流化床反应器是塔式设备，如图 1-5 流化床反应器。塔内分三个区，下部浓相区为反应区，氧化反应主要在此区进行。中部稀相区为沉降区，在这个区内，较大的催化剂颗粒沉降回浓相区。上部扩大段为分离区，由于直径扩大，气流速度减慢，使得催化剂颗粒与反应气体分离。换热装置安装在反应区和沉降区。

流化床反应器主要有以下优点:催化剂与气体接触面积大,气-固相之间传热速率快,床层温度均匀,可控制在 $1\sim3$℃的温度差范围内,反应温度易于控制,操作稳定性好;催化剂床层与冷却管间传热系数大,所需传热面积小,且载热体与反应物料的温差可以很大;操作安全;合金钢材消耗少,制造费比列管式固定床低得多;便于催化剂的装卸。

但是流化床反应器也存在以下一些缺点:催化剂容易磨损,损耗流失大;返混程度较大,连串副反应增多,反应选择性下降;当流化效果不良时,原料气与催化剂接触不充分,传质恶化,使转化率下降。

选择氧化反应器时,可根据反应及催化剂的性质进行确定。若催化剂耐磨强度不高,反应热效应不很大,可采用固定床反应器;若能找到耐磨的催化剂,可采用流化床反应器。

7.3 相关项目拓展

7.3.1 对硝基苯甲醛的制备

1.基本原理

(1)性质

对硝基苯甲醛为白色或淡黄色结晶。熔点 $105\sim107$℃。微溶于水及乙醚,溶于苯、乙醇及冰醋酸。能升华,随水蒸气挥发。

(2)用途

对硝基苯甲醛是医药、农药、染料等的中间体。在医药工业用于合成对硝基苯-2-丁烯酮、对氨基苯甲醛、对乙酰氨基苯甲醛、甲氧苄胺嘧啶(TMP)、氨苯硫脲、对硫脲、乙酰氨苯烟腙等中间体。在农药生产中用于促进植物幼苗的生长。

(3)原理

第一条线路,对硝基苯甲醛可以由对硝基甲苯、乙酐为原料,经氧化、水解而制得,即三氧化铬氧化法。反应方程式如下:

$$O_2N\text{—}\langle\text{—}\rangle\text{—}CH_3 +2(CH_3CO)_2O \xrightarrow{CrO_3} O_2N\text{—}\langle\text{—}\rangle\text{—}CH(OCOCH_3)_2 +2CH_3COOH$$

$$O_2N\text{—}\langle\text{—}\rangle\text{—}CH(OCOCH_3)_2 +H_2O \xrightarrow{H_2SO_4} O_2N\text{—}\langle\text{—}\rangle\text{—}CHO +2CH_3COOH$$

第二条路线是由对硝基甲苯与溴发生溴化反应,再水解、氧化而制得,即间接氧化法。反应方程式如下:

$$O_2N\text{—}\langle\text{—}\rangle\text{—}CH_3 +Br_2 \longrightarrow O_2N\text{—}\langle\text{—}\rangle\text{—}CH_2Br +HBr$$

$$O_2N\text{—}\langle\text{—}\rangle\text{—}CH_2Br +H_2O \longrightarrow O_2N\text{—}\langle\text{—}\rangle\text{—}CH_2OH +HBr$$

$$O_2N-\!\!\!\!\bigcirc\!\!\!\!-CH_2OH +2HNO_3 \longrightarrow O_2N-\!\!\!\!\bigcirc\!\!\!\!-CHO +2NO_2+2H_2O$$

第三条路线是卤化水解法,反应方程式如下:

$$O_2N-\!\!\!\!\bigcirc\!\!\!\!-CH_3 \xrightarrow{Br_2} O_2N-\!\!\!\!\bigcirc\!\!\!\!-CHBr_2 \xrightarrow[FeBr_3]{H_2O} O_2N-\!\!\!\!\bigcirc\!\!\!\!-CHO$$

以上三条合成路线中,第一条路线原料成本较高,且三氧化铬会造成环境污染,因此该法只适用于实验室中少量合成。第二条与第三条路线原料成本和产品收率比较接近,只是第二条路线由于产生较多的稀硝酸废液,难以处理,因此也存在环境污染问题。第三条路线基本不产生污染性的废液和废渣,工艺过程中生成的溴化氢气体,经尾气吸收可生成氢溴酸。故第三条合成路线是目前比较合适的工艺路线。

2. 主要仪器与药品

500mL 四口瓶、1000mL 四口瓶、搅拌器、温度计、2L 烧杯、布氏漏斗、真空干燥箱、回流冷凝器。

冰醋酸、乙酐、对硝基甲苯、三氧化铬、碳酸钠溶液、四氯化碳、溴、EHP、双氧水、焦亚硫酸钠。

3. 操作步骤

(1)按照第一条线路:三氧化铬氧化法

①备料

将装有搅拌器、温度计的 500mL 四口瓶置于冰盐浴中,向其中加入 150g 冰醋酸,153g 乙酐(质量分数为 95%;1.5mol)和 12.5g(0.09mol)对硝基甲苯,搅拌,慢慢滴加浓硫酸 21mL[1]。

②氧化反应

当混合物冷却至 5℃时,分批加入 25g 三氧化铬(约需 1h),控制温度不超过 10℃(否则影响收率)[2]。加料完毕,继续搅拌 10min。

③稀释分离

然后将反应物慢慢倒入预先加入 1000mL 体积碎冰的 2L 烧杯中,再加冷水,使总体积接近 1500mL。过滤,冷水洗涤直至洗去颜色,过滤。

④中和除酸

将滤饼加到 1000mL 烧杯中,加入 125mL 冷的 2%(质量分数)碳酸钠溶液,打浆洗涤,过滤,滤饼用冰水淋洗。

⑤干燥

滤饼再用 5mL 乙醇洗涤,过滤,真空干燥,得对硝基苯甲二醇二乙酸酯粗品。熔点 120～122℃。

⑥水解

在装有搅拌器、温度计、回流冷凝器的 250mL 四口瓶中,加入上述反应的产物

11g、25mL 水、25mL 乙醇和 2.5mL 浓硫酸,搅拌,加热至回流,回流 30min。

⑦结晶,过滤,洗涤,干燥

回流结束后,趁热过滤,滤液在冰浴中冷却结晶,过滤,冰水洗涤,过滤,干燥,得到产品。称重。

⑧回收

将滤液和洗涤液合并,加约 75mL 水稀释,有产品析出,过滤回收产品,干燥。称重。

⑨分析

测熔点,计算总收率。

(2)按照第二条线路:间接氧化法

①溴化

在装有搅拌器、温度计、回流冷凝器的 1000mL 四口瓶中,加入 50g 对硝基甲苯、125g 四氯化碳、125mL 水,搅拌,加热至回流,然后分批加入 30g 溴和 0.5g 引发剂。添加时,一般是溴先加入,待搅拌均匀后,再加入引发剂——过氧化二碳酸二(2-乙基)己酯(简称 EHP),而且在加入第二批溴和引发剂之前,反应液红色必须褪去。

加完溴后,在 65~75℃下滴加质量分数为 27% 的双氧水 25g,约加 2~3h。加毕,回流 0.5~1h,使红色基本褪去。

②水解

反应结束后,加入 150mL 水,搅拌下升温至 80℃,以蒸出四氯化碳,约回收 75~80% 的四氯化碳。再加入 150mL 水并升温至 90℃,搅拌下升温至回流,并保持平稳回流 10~12h,然后稍冷却[3]。静置分层,放掉水层,油层备用。

③氧化

在装有搅拌器、温度计、回流冷凝器的 500mL 四口瓶中,加入 60g 四氯化碳,搅拌下加入水解后的有机层和 70%(质量分数)的硝酸 33g,升温至 60℃,搅拌反应 3h。然后冷却至 40℃,加水稀释,继续降温至 30~35℃,静置分层。分去水相,所得的有机层加等量的水,并用碳酸氢钠中和至 pH=6.5~7,分去水相,有机相精制。

④精制

在上述有机相中加入 20g 焦亚硫酸钠和 70mL 水,搅拌溶解后,继续搅拌 1~2h。静置分层,水层滴加碱液以析出沉淀,过滤、打浆洗涤、过滤、真空干燥,得浅黄色的结晶。称重,计算收率,测熔点。

4.操作要点与注意事项

(1)速度不可太快,以防发生碳化。

(2)防止过度氧化,影响反应收率。

(3)不要使结晶析出,会使分层困难。

5.思考题

(1)三氧化铬氧化法中用 2%(质量分数)碳酸钠溶液洗涤的目的是什么?

(2)间接氧化法中加入双氧水的目的是什么?

(3)间接氧化法中氧化反应完毕,用碳酸氢钠中和的目的是什么?

7.3.2　过氧化月桂酰的工业生产实例

1.概况

过氧化月桂酰(lauroyl peroxide),又称过氧化十二酰、引发剂 B(initiator B)。分子式 $C_{24}H_{46}O_4$,相对分子质量 398.63。结构式为:

$$CH_3(CH_2)_{10}\overset{\overset{O}{\|}}{C}-O-O-\overset{\overset{O}{\|}}{C}(CH_2)_{10}CH_3$$

物化性能:白色细粉,密度 $0.9g/cm^3$,熔点 53~55℃。分解温度 70~80℃,自燃温度 112℃。不溶于水,微溶于醇类,易溶于丙酮、氯仿等有机溶剂。干品遇有机物或受热易爆炸。常温下稳定、无毒。

主要用途:过氧化月桂酰主要用于自由基聚合反应的低活性引发剂,如氯乙烯、乙烯、苯乙烯、乙酸乙烯酯、甲基丙烯酸酯等单体的聚合反应;可作聚酯固化剂、橡胶交联剂、发泡剂、干燥剂等;还可作食品和脂肪油类的漂白剂,有着广泛的用途。作聚合引发剂使用时须配成 25%白油溶液。

2.生产原理与工艺

工业上过氧化月桂酰的生产主要是以月桂酰氯为主要原料用双氧水进行氧化反应,然后根据月桂酰氯来源不同,可分为月桂酸的氯化亚砜酰氯化法和三氯化磷氯化法。

(1)生产原理与工艺流程

月桂酸与三氯化磷进行酰氯化反应,制得月桂酰氯,然后在氢氧化钠存在下,与过氧化氢反应即制得过氧化月桂酰。反应式如下:

$$3CH_3(CH_2)_{10}COOH+PCl_3 \longrightarrow 3CH_3(CH_2)_{10}COCl+H_3PO_3$$

$$2CH_3(CH_2)_{10}COCl+H_2O_2+2NaOH \longrightarrow$$

$$CH_3(CH_2)_{10}-\overset{\overset{O}{\|}}{C}-O-O-\overset{\overset{O}{\|}}{C}(CH_2)_{10}CH_3 \ +2NaCl+2H_2O$$

工艺流程如图 7-3 所示。

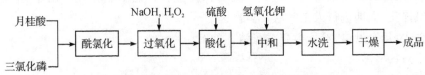

图 7-3　过氧化月桂酰的工业生产流程

(2)原料配比表(见表 7-4)

表 7-4　制备过氧化月桂酰的原料配比

原料名称	规格	消耗量(kg/t)	摩尔量(kmol)
月桂酸	95%,工业品	1380	6.43
过氧化氢	30%,工业品	595	5.25
三氯化磷	96%,工业品	430	2.94
氢氧化钠	30%,工业品	1280	9.6

(3)主要设备

原料计量槽、酰氯化瓷反应釜、氧化反应釜、酸化槽、中和釜、离心机、真空干燥器。

(4)操作工艺

①月桂酰氯的生产操作

将月桂酸加入搪瓷反应釜中,温度升至 45℃,边搅拌,边滴加三氯化磷,滴加时间为 2h 左右。物料的质量配比为,月桂酸∶三氯化磷=1∶0.344。滴加时,物料温度逐渐上升,滴加完后可使温度升至 55℃。于 55～60℃下继续反应一段时间,让过量的三氯化磷挥发后回收,即得无色液体月桂酰氯。

②过氧化月桂酰的生产操作

将浓度为 23.7%的氢氧化钠、6%的过氧化氢及酰氯配制好后待用,投料配比为,酰氯∶过氧化氢∶氢氧化钠=1∶3∶0.8(体积)。先将月桂酰氯加入反应釜,再加入氢氧化钠水溶液,控制温度 40℃左右,边搅拌边滴加过氧化氢水溶液。加完后继续反应 2～3min。冷却物料,加适量硫酸酸化,搅拌,再以少量氢氧化钠中和至中性。静置沉淀,分出废液,用水洗涤产品,过滤后经真空干燥器低温干燥,即制得成品。

操作要点:在生产过程中要严格控制温度和火源,防止燃烧和爆炸。

(5)工业安全急救与防护措施

①急救方式

皮肤接触:立即脱去被污染的衣着,用肥皂水和清水彻底冲洗皮肤至少 15min。就医。

眼睛接触:提起眼睑,用流动清水或生理盐水冲洗。就医。

吸入:迅速脱离现场至空气新鲜处。保持呼吸道通畅。如呼吸困难,给输氧。如呼吸停止,立即进行人工呼吸。就医。

食入:用水漱口,给饮牛奶或蛋清。就医。

②防护措施

工程控制:严加密闭,提供充分的局部排风。

呼吸系统防护:可能接触其粉尘时,必须佩戴防尘面具(全面罩)。紧急事态抢救或撤离时,应该佩戴空气呼吸器。

　　眼睛防护:戴安全防护眼镜。

　　身体防护:穿连衣式胶布防毒衣。

　　手防护:戴防苯耐油手套。

知识考核

　　1.氧化反应的实施主要分哪三大类?

　　2.简述化学氧化法的优缺点。

　　3.在中性或碱性介质中,高锰酸钾如何操作完成制备羧酸。

　　4.简述空气液相氧化法的优缺点。

　　5.影响自动氧化法有哪些因素?

　　6.空气液相氧化法主要选用哪些形式的反应器?

　　7.简述气-固相接触催化氧化法的优缺点,使用的催化剂由哪几部分构成?

　　8.简述固相催化剂催化作用原理。

　　9.实施气相催化氧化的反应设备的结构特征如何?

　　10.与以空气或纯氧为氧化剂的氧化法相比,化学氧化法有何特点?

　　11.化学氧化剂常用哪些物质?

　　12.用重铬酸钠盐或氧化铬氧化对环境有何影响?

　　13.为何用高锰酸钾氧化选用中性或酸性反应介质?

　　14.用高锰酸钾将甲基、羟甲基和醛基氧化成羧基的条件有什么不同?

　　15.高锰酸钾氧化为何使用硫酸镁? 若无硫酸镁,用什么物质替代?

　　16.以苯甲酰氯为原料制备过氧化苯甲酰,写出化学反应式。

参考文献

[1]唐培堃,冯亚青.精细有机合成化学与工艺学.北京:化学工业出版社,2006.

[2]薛叙明.精细有机合成技术.北京:化学工业出版社,2009.

[3]徐国庆.职业教育项目课程开发指南.上海:华东师范大学出版社,2009.

[4]张友兰.有机精细化学品合成及应用实验.北京:化学工业出版社,2004.

[5]张铸勇.精细有机合成单元反应.上海:华东化工学院出版社,1990.

[6]冷士良.精细化工实验技术.北京:化学工业出版社,2008.

[7]张小华.有机精细化工生产技术.北京:化学工业出版社,2008.

[8]桑红源.精细化学品小试技术.北京:化学工业出版社,2011.

[9]张胜建.有机中间体工艺开发使用指南.北京:化学工业出版社,2010.

[10]陈金龙.精细有机合成原理与工艺.北京:中国轻工业出版社,1992.

[11]章思规,辛忠.精细有机化工制备手册.北京:科学文献出版社,1994.

[12]田铁牛.有机合成单元过程.北京:化学工业出版社,2005.

[13]杨黎明,陈捷.精细有机合成实验.北京:中国石化出版社,2011.

[14]周志高.有机化学实验.北京:化学工业出版社,2001.

[15]程忠玲.精细有机单元反应.北京:化学工业出版社,2007.

[16]周春隆.精细化工实验法.北京:中国石化出版社,1998.

[17]李祥高,冯亚青.精细化学品化学.上海:华东理工大学出版社,2013.

[18]吕亮.精细有机合成单元反应.北京:化学工业出版社.

[19]万素英.食品防腐与食品防腐剂.北京:中国轻工业出版社.

[20]王建刚.柠檬酸三丁酯、乙酰柠檬酸三丁酯的合成进展.天津化工,2004,18(3):5—9.

[21]姚蒙正,程侣柏,王家儒.精细化工产品合成原理.北京:中国石化出版社,1992.